U0150394

《电机拖动》编委会

主　编　　王昱婷

副主编　　周　洁　　施　佳

参　编　　杨　熹　　雷　钧　　殷国鑫　　七林农布

　　　　　　　蔡宇镭　　张榆进　　尹自永　　晋崇英

　　　　　　　张　雷　　陆学聪　　赵海涛　　张　婷

　　　　　　　陈晓畅

理实一体化教材

电机拖动

DIANJI TUODONG

王昱婷　主编

云南大学出版社
YUNNAN UNIVERSITY PRESS

图书在版编目（CIP）数据

电机拖动/王昱婷主编. -- 昆明：云南大学出版
社, 2020

理实一体化教材

ISBN 978-7-5482-3732-7

Ⅰ.①电… Ⅱ.①王… Ⅲ.①电力传动—教材 Ⅳ.
①TM921

中国版本图书馆CIP数据核字(2019)第132533号

特约编辑：韩　雪
责任编辑：蔡小旭
策　　划：孙吟峰　朱　军
封面设计：王婳一

理实一体化教材

电机拖动

DIANJI TUODONG

王昱婷　主编

出版发行：云南大学出版社
印　　装：昆明理煋印务有限公司
开　　本：787mm×1092mm　1/16
印　　张：13.75
字　　数：301千
版　　次：2020年2月第1版
印　　次：2020年2月第1次印刷
书　　号：ISBN　978-7-5482-3732-7
定　　价：55.00元
地　　址：昆明市一二一大街182号（云南大学东陆校区英华园内）
邮　　编：650091
电　　话：（0871）65031071　65033244
E－mail：market@ynup.com

本书若有印装质量问题，请与印厂联系调换，联系电话：64167045。

总　　序

根据《国家职业教育改革实施方案》中对职业教育改革提出的服务"1＋X"的有机衔接，按照职业岗位(群)的能力要求，重构基于职业工作过程的课程体系，及时将新技术、新工艺、新规范纳入课程标准和教学内容，将职业技能等级标准等有关内容融入专业课程教学，遵循育训结合、长短结合、内外结合的要求，提供满足于服务全体社会学习者的技术技能培训要求，我们编写了这套系列教材。教材将理论和实训合二为一，以"必需"与"够用"为度，将知识点作了较为精密的整合，内容深入浅出，通俗易懂。既有利于教学，也有利于自学。在结构的组织方面大胆打破常规，以工作过程为教学主线，通过设计不同的工程项目，将知识点和技能训练融于各个项目之中，各个项目按照知识点与技能要求循序渐进编排，突出技能的提高，符合职业教育的工学结合，真正突出了职业教育的特色。

本系列教材可作为高职高专学校电气自动化、供用电技术，应用电子技术、电子信息工程技术、机电一体化等相关专业的教材和短期培训的教材，也可供广大工程技术人员学习和参考。

目　　录

绪　　论

一、电机概述

电能在现代化工农业生产、交通运输、科学技术、信息传输、国防建设以及日常生活等各个领域获得了极为广泛的应用。而电机是生产、传输、分配及应用电能的主要设备。

电机是利用电磁感应原理工作的机械，它应用广泛、种类繁多、性能各异，分类方法也很多。

电机按功能分，可将电机分为发电机、电动机和变压器。发电机的功能是将机械能转换为电能；电动机的功能是将电能转换为机械能；变压器的主要功能是改变交流电压的大小，即将一种电压等级的交流电能转换为同频率的另一种电压等级的交流电能。

除变压器为静止电机外，其他电机均为旋转电机。根据电源性质的不同，旋转电机又分为交流电机和直流电动机两大类。交流电机又分为同步电机和异步电机。同步电机主要作为发电机使用，异步电机主要作为电动机使用。电机分类可归纳如下：

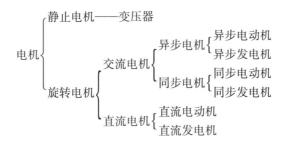

电机在电力系统中占有相当重要的地位，电能的生产、传输和使用都离不开电机。同步发电机是发电厂生产电能的主要设备；变压器是传输电能和分配电能的关键设备；异步电动机和直流电动机是消耗电能并驱动各种生产机械工作的主要动力设备。所以，对于电类专业的学生，深刻理解和掌握电机的原理和性能，全面了解电机的结构特点，重点学会分析电机运行中的问题，是非常必要的。

电机学是电类专业的一门专业基础课，是一门既有基础性又有专业性的课程。本课程以电磁理论为根据，重点分析变压器、异步电动机、同步电机、直流电动机的基本结构、工作原理、运行特性和实验方法，为学习后续专业课程和今后的工作打下基础。

二、电机理论中常用的基本电磁定律

电机的工作原理是以电磁感应定律、电磁力定律、电路和磁路基本定律为理论基础。电磁感应定律和电磁力定律是描述电与磁之间关系的两个定律，它把电与磁联系了起来。电路和磁路基本定律是分别描述电路和磁路本身各物理量之间关系的定律。熟练地掌握这些基本电磁定律，是学好电机拖动课程的基础。

1. 电磁感应定律

电磁感应定律有两种表达形式，分别为切割电动势和变压器电动势。

（1）切割电动势。

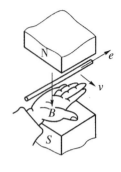

当导体做切割磁感线（即磁通）运动时，导体中将感应出电动势，这种电动势称为切割（或运动）电动势。当磁感应强度 B、导体长度 l 和导体切割磁感线的线速度 v 三个量的方向互相垂直时，其感应电动势表达式为

$$e = Blv \qquad (0-1)$$

感应电动势的方向可由"右手定则"确定，如图 0.1 所示。即把右手掌伸开，大拇指与其他四指成 $90°$，让磁感线指向手心，大拇指指向导体运动方向，其他四指的指向就是导体中感应出电动势的方向。

图 0.1　右手定则

（2）变压器电动势。

当穿过线圈的磁通交变时，在线圈中感应出电动势，这种电动势称为变压器电动势。变压器电动势的方向由楞次定律决定，楞次定律指出：感应电动势及其所产生的电流总是企图阻碍线圈磁通变化的。若感应电动势的正方向与磁通的正方向符合右手螺旋关系时，则感应电动势的表达式为

$$e = -N \frac{\mathrm{d}\phi}{\mathrm{d}t} \qquad (0-2)$$

式中，ϕ 为穿过线圈的磁通；N 为线圈的匝数；"$-$"号是楞次定律的体现。上式表明，变压器电动势的大小与线圈匝数和磁通的变化率成正比。

2. 电磁力定律

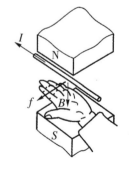

载流导体在磁场中会受到电磁力的作用，当磁感线和导体方向互相垂直时，载流导体所受到的电磁力为

$$f = BlI \qquad (0-3)$$

式中，B 为载流导体所在处的磁感应强度；l 为载流导体处在磁场中的有效长度；I 为载流导体中的电流。

电磁力的方向由"左手定则"确定，如图 0.2 所示。即把左手掌伸开，大拇指与其他四指成 $90°$，让磁感线指向手心，其他四指指向导体中电流的方向，大拇指的指向就是导体受力的方向。

图 0.2　左手定则

3. 电量与磁量、电路定律与磁路定律

电量与电路定律，较容易理解和掌握，而磁量与磁路定律显得不易理解和掌握。实际上，磁路与电路有许多相似之处，二者的各物理量之间、各定律之间都有着十分类似的对应关系。采用对比的方法进行学习，对理解和掌握磁路的有关知识十分有益。

电机实验的基本要求

电机实验的目的在于培养学生掌握基本的实验方法与操作技能。培养学生根据实验目的拟定实验线路、选择所需仪表、确定实验步骤、测取所需资料、进行分析研究、得出必要结论，从而完成实验报告。通过上述的实验环节可以巩固和加深学生对电机及拖动理论的理解。

一、预习

实验前，应复习教材有关章节，认真研读实验指导书，了解实验目的、方法及步骤，明确实验过程中应注意的问题。

实验前应写好预习报告，经过指导老师检查认为确实做好了实验前的准备，方可开始做实验。

二、实验工作方法

(1)分好实验小组，每组由 3 ~ 4 人组成。小组内应合理分工，以保证操作正确，记录准确可靠。

(2)选择挂件和仪表。实验前先选择好本次实验所用的挂件并按要求的顺序挂好，根据实验性质选择仪表量程。

(3)接线技巧。接线在原则上是先接串联主回路或大电流回路，后接并联回路或测量及信号回路。三相电路可使用三种不同颜色的导线，以便检查。

(4)接通电源(起动电机)，观察仪表及设备。实验线路接好后，应在指导老师检查确认无误后方能接通电源或起动电机，应注意观察仪表有无异常(反向或满量程等)，电机等设备有无异常或异味，如有异常应立即切断电源，排除故障。

(5)实验结束后应将记录的数据交给指导教师审阅。经指导教师认可后，方可拆线。整理好导线后才可离开实验室。

三、实验报告的编写

实验报告是根据实测资料和在实验中观察和发现的问题，对实验的结果进行必要的整理、计算和分析讨论，以巩固所学的知识。实验报告的编写包括下列各项内容：

(1)说明实验的目的和内容。

(2)画出实验线路图。

(3)列出实验的具体步骤。

(4)用合适的表格列出测量和计算的数据以及观察到的结果。

(5)回答思考题。

实验安全操作规程

为了按时完成电机及电气技术实验，确保实验时人身安全与设备安全，要严格遵守如下安全操作规程：

一、实验时，人体不可接触带电线路，女同学应将长发盘起来，且不得靠近电机旋转部分。不允许穿着短裤、拖鞋进入实验室。

二、接线或拆线都必须在切断电源的情况下进行。

三、学生独立完成接线或改接线路后，必须经指导教师检查和允许，并使组内其他同学引起注意后方可接通电源。在实验中如发生事故，应立即切断电源，待查清问题和妥善处理故障后，才能继续进行实验。

四、注意观察设备的各个运行参数，不允许设备在超额定工作情况下运行，以免损坏设备。

五、接通总电源或实验台控制屏上的电源应由实验指导人员来控制，其他人只能由指导人员允许后方可操作，不得自行合闸。

项目一 变压器的基本认识

任务 1　变压器的认识

一、实验目的

(1)掌握变压器的构造和分类。

(2)理解变压器的工作原理。

(3)认识变压器的铭牌数据。

(4)理解三相变压器的联结组及并联运行。

二、实验仪器

实验仪器如表 1 – 1 所示。

表 1 – 1　实验仪器

使用设备名称	数量
变压器	1

三、知识学习及操作步骤

1. 变压器的构造和分类

变压器是基于电磁感应原理工作的静止的电磁器械。它主要由铁芯和线圈组成,通过磁的耦合作用把电能从一次侧传递到二次侧。

在电力系统中,以油浸自冷式双绕组变压器的应用最为广泛,下面主要介绍这种变压器的基本结构。图 1.1 所示为三相油浸式电力变压器外观图。变压器的器身是由铁芯和绕组等主要部件构成的,铁芯是磁路部分绕组是电路部分,另外还有油箱及其他附件。

图 1.1　三相油浸式电力变压器外观图

1）变压器的构造

（1）铁芯。

铁芯一般由 0.35～0.5 mm 厚的硅钢片叠装而成。硅钢片的两面涂以绝缘漆使硅钢片间绝缘以减小涡流损耗。铁芯包括铁芯柱和铁轭两部分。铁芯柱的作用是套装绕组，铁轭的作用是连接铁芯柱使磁路闭合。按照绕组套入铁芯柱的形式，铁芯可分为芯式结构和壳式结构两种。叠装时应注意相邻两层的硅钢片需采用不同的排列方法，使各层的接缝不在同一处，互相错开，减少铁芯的间隙，从而减小磁阻与励磁电流。但缺点是装配复杂，费工费时。图 1.2、图 1.3 所示为三相铁芯的交叠装配图。现在多采用全斜接缝，以进一步减少励磁电流及转角处的附加损耗。

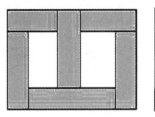 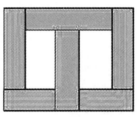

（a）奇数层叠片　　　　　　　（b）偶数层叠片

图 1.2　铁芯叠片（单相直线叠装式）

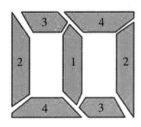 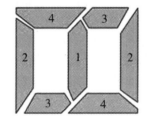

（a）奇数层叠片　　　　　　　（b）偶数层叠片

图 1.3　铁芯叠片（三相斜上接缝叠装式）

（2）绕组。

变压器的绕组是在绝缘筒上用绝缘铜线或铝线绕成。一般把接于电源的绕组称为一次绕组或原方绕组，接于负载的绕组称为二次绕组或副方绕组。或者把电压高的线圈称为高压绕组，电压低的线圈称为低压绕组。从高、低绕组的装配位置看，可分为同芯式和交叠式绕组。

①同芯式。同芯式绕组的高、低压线圈同心地套在铁芯柱上，为了便于对地绝缘，一般采取低压绕组靠近铁芯柱，高压绕组在低压绕组的外边。同芯式绕组结构简单，制造方便，电力变压器均采用这种结构。

②交叠式。交叠式绕组又称饼式绕组，它将高低压绕组分成若干线饼，沿着铁芯柱的高度方向交替排列。为了便于绕组和铁芯绝缘，一般最上层和最下层放置低压绕组。

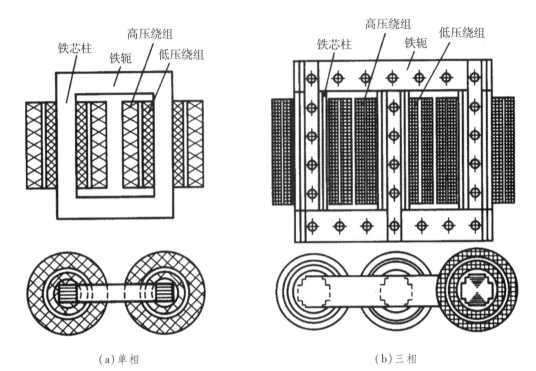

（a）单相　　　　　　　　　　　　　（b）三相

图 1.4　绕组和铁芯的装配示意图

（3）附件。

电力变压器的附件，主要包括油箱、储油柜、分接开关、安全气道、气体继电器、绝缘套管等，如图 1.5 所示。其作用是保证变压器安全和可靠运行。

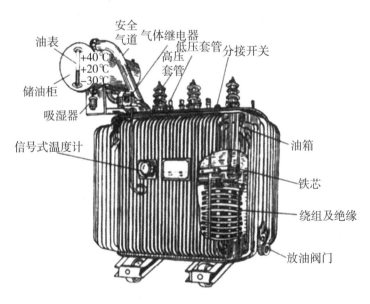

图 1.5　油浸式电力变压器

①油箱：油浸式变压器的外壳就是油箱，它保护变压器铁芯和绕组不受外力的冲击和潮气的侵蚀，并通过油的对流对铁芯与绕组进行散热。油是冷却介质，又是绝缘介质。

②储油柜：在变压器的油箱上装有储油柜(也称油枕)，它通过连通管与油箱相通。储油柜内油面高度随变压器油的热胀冷缩而变动。储油柜限制了油与空气的接触面积，从而减少了水分的侵入与油的氧化。

③气体继电器：气体继电器是变压器的主要安全保护装置。当变压器内部发生故障时，变压器油气化产生的气体使气体继电器工作，发出信号，示意工作人员及时处理或令其开关跳闸。

④绝缘套管：变压器绕组的引出线是通过箱盖上的瓷质绝缘套管引出的，作用是使高低绕组的引出线与变压器箱体绝缘。根据电压等级不同，采用绝缘套管的形式也不同，10～35 kV 采用空心充气式或充油式套管，图 1.6 所示为瓷制充油式套管；110kV 及以上采用电容式套管。

⑤分接开关：分接开关是用于调整电压比的装置，使变压器的输出电压控制在允许的变化范围内，目的是适应电网电压波动 $< \pm 5\% U_\mathrm{N}$，适时对变压器进行调压。高压绕组有三个抽头，接到分接开关上，以便调节输出电压的大小。分

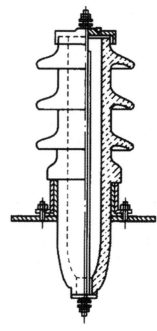

图 1.6　瓷制充油式套管

接开关调压有两种：无励磁调压，即断电调压；有载调压，即带电进行调压。图 1.7 所示为分接开关示意图。

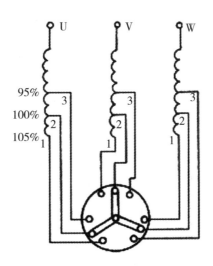

图 1.7　分接开关示意图

2）变压器的分类

（1）按相数的不同，分为单相变压器、三相变压器。

（2）按绕组数目不同，分为双绕组变压器、三绕组变压器、多绕组变压器和自耦变压器。

（3）按冷却方式不同，分为油浸式变压器、充气式变压器和干式变压器。

（4）按用途不同，分为电力变压器、特种变压器、仪用互感器、试验用高压变压器等。

2. 变压器的基本工作原理

变压器是静止的电子器械，它利用电磁感应原理，将一种交流电转换为另一种或几种频率相同、电压大小不同的交流电。图1.8所示为变压器的基本工作原理。

变比 k：

$$k = N_1/N_2 \qquad (1-1)$$

式中，N_1 为一次绕组匝数；N_2 为二次绕组匝数。

注意事项：一次侧要加交变电压，只能改变交流电压或电流的大小，不改变频率。

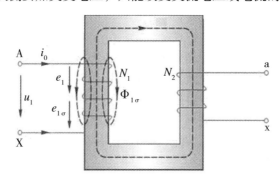

图1.8 变压器的基本工作原理图

3. 变压器的铭牌数据

变压器铭牌的数据表示变压器的结构、容量、电压等级、冷却方式等信息。图1.9所示为变压器铭牌示意图，表1-2所示为符号的细表。

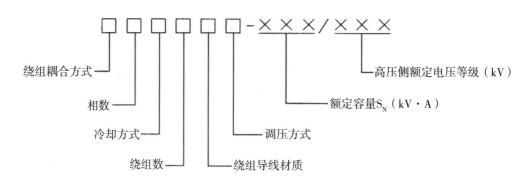

图1.9 变压器铭牌示意图

例如：SL7 - 200/30

"—"前表示：结构信息，见下页表所示；"—"后表示：额定容量/高压额定值。

S 表示三相，L 表示铝线，7 表示第 7 次设计，200 表示额定容量为 200 kV·A，30 表示高压侧额定电压为 30 kV。

表 1 - 2　符号明细表

代表符号排列顺序	分类	类别	代表符号
1	绕组耦合方式	自耦	O
2	相数	单相	D
		三相	S
3	冷却方式	油浸自冷	—
		干式空气自冷	G
		干式浇注式绝缘	C
		油浸风冷	F
		油浸水冷	S
		强迫油循环风冷	FP
		强迫油循环水冷	SP
4	绕组数	双绕组	—
		三绕组	S
5	绕组导线材质	铜	—
		铝	L
6	调压方式	无盛磁调压	—
		有载调压	Z

（1）额定容量 S_n(kV·A)：指变压器的视在功率，高低压侧相同。

单相变压器：

$$S_n = U_n I_n \tag{1-2}$$

三相变压器：

$$S_n = \sqrt{3} U_{1n} I_{1n} = \sqrt{3} U_{2n} I_{2n} \tag{1-3}$$

（2）额定电压 U_{1N}/U_{2N}：是指变压器空载时各绕组端电压值，对于三相变压器指的是线电压。

（3）额定电流 I_{1N}/I_{2N}：指变压器允许长期通过的电流。

（4）额定频率 f：50 Hz。

[**例题 1**]一台三相电力变压器，$S_N = 3150kVA$，$U_{1N}/U_{2N} = 35/6.3$ kV，Y/d 联结。试求：一、二次额定电流；一次额定相电压；二次额定相电流。

解：

$$I_{1N} = \frac{S_N}{\sqrt{3} U_{1N}} = \frac{3150 \times 10^3}{\sqrt{3} \times 35 \times 10^3} = 51.96 (\text{A})$$

$$I_{2N} = \frac{S_N}{\sqrt{3} U_{2N}} = \frac{3150 \times 10^3}{\sqrt{3} \times 6.3 \times 10^3} = 288.68 (\text{A})$$

$$U_{1N\phi} = \frac{U_{1N}}{\sqrt{3}} = \frac{35 \times 10^3}{\sqrt{3}} = 20207 (\text{V})$$

$$I_{2N\phi} = \frac{U_{2N}}{\sqrt{3}} = \frac{288.68}{\sqrt{3}} = 166.67 (\text{A})$$

4. 三相变压器的磁路

由于目前电力系统都是三相制的，所以三相变压器应用非常广泛。从运行原理上看，三相变压器与单相变压器完全相同。三相变压器在对称负载下运行时，可取其一相来研究，即可把三相变压器化成单相变压器来研究。

1）三相变压器的磁路

三相变压器在结构上可由三个单相变压器组成，称为三相变压器组。而大部分是把三个芯柱和磁轭连成一个整体，做成三相芯式变压器。

（1）三相变压器组的磁路。

三相变压器组是由三个相同的单相变压器组成的，如图 1.10 所示。它的结构特点是三相之间只有电的联系而无磁的联系；它的磁路特点是三相磁通各有自己单独的磁路，互不关联。如果外施电压是三相对称的，则三相磁通也一定是对称的。如果三个铁芯的材料和尺寸相同，则三相磁路的磁阻相等，三相空载电流也是对称的。

三相变压器组的铁芯材料用量较多，占地面积较大，效率也较低，但制造和运输较方便，且每台变压器的备用容量仅为整个容量的三分之一，故大容量的巨型变压器有时采用三相变压器组的形式。

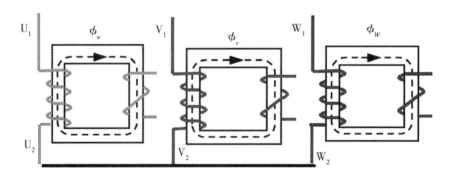

图 1.10　组式变压器

磁路特点：

①三相磁路彼此独立，互不关联，即各相主磁通都有自己独立的磁路。

②三相磁路几何尺寸完全相同，即各相磁路的磁阻相等。

③外加三相对称电压时，三相主磁通对称，三相空载电流也对称。

（2）三相芯式变压器的磁路。

三相芯式变压器是由三相变压器组演变而来的。如果把三个单相变压器的铁芯按图 1.12（a）所示的位置靠拢在一起，外施三相对称电压时，则三相磁通也是对称的。因中心柱中磁通为三相磁通之和，且$\phi_A + \phi_B + \phi_C = 0$，所以中心柱中无磁通通过。因此，可将中心柱省去，变成如图 1.12（b）所示的形状。实际上为了便于制造，常用的三相变压器的铁芯是将三个铁芯柱布置在同一平面内，如图 1.12（c）所示。

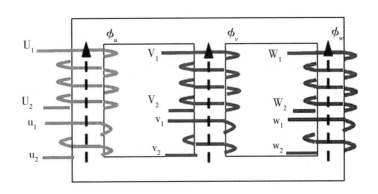

图 1.11　芯式变压器

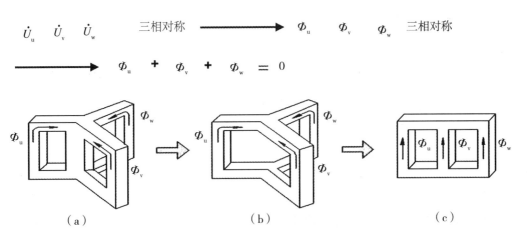

图 1.12　三相芯式变压器磁路系统的演变图

由图 1.12（c）可以看出，三相芯式变压器的磁路是连在一起的，各相的磁路是相互关联的，即每相的磁通都以另外两相的铁芯柱作为自己的回路。三相的磁路不完全一样，B 相的磁路比两边 A 相和 C 相的磁路要短些。B 相的磁阻较小，因而 B 相的励磁电流也比其他两相的励磁电流要小。由于空载电流只占额定电流的百分之几，所以空载电流的不对称对三相变压器负载运行的影响很小，可以不予考虑。在工程上取三相空载电流的平均值作为空载电流值,即在相同的额定容量下,三相芯式变压器与三相变压器组相比,铁芯具有用料少、效率高、价格便宜、占地面积小、维护简便等特点,因此中、小容量的电力变压器都采用三相芯式变压器。

三相芯式变压器磁路特点:

①各相磁路不独立,每相磁通都要借助其他两相磁路而闭合。

②各相磁路长度不等,中间相磁路长度略小于其他两相磁路长度,中间相磁阻略小于其他两相的磁阻。

③外加三相对称电压时,三相主磁通对称,三相空载电流近似对称。

5. 三相变压器的联结组

(1)变压器首端和末端的标志(表1-3)。

表1-3　变压器首端和末端的标志表

绕组名称	单相变压器		三相变压器		中性点
	首端	末端	首端	末端	
一次绕组	U_1 A	U_2 X	U_1、V_1、W_1 A、B、C	U_2、V_2、W_2 X、Y、Z	N
二次绕组	u_1 a	u_2 x	u_1、v_1、w_1 a、b、c	u_2、v_2、w_2 x、y、z	n
第三绕组	u_{1m} a_m	u_{2m} x_m	U_{1m}、V_{1m}、W_{1m} a_m、b_m、c_m	U_{2m}、V_{2m}、W_{2m} x_m、y_m、c_m	N_m

①同名端。

高、低压绕组感应电动势是交变的,即高、低压绕组的极性是交变的。某一瞬间,高、低压绕组为同极性的两个端点,称为同名端。

同相变压器原、副方绕组感应电势正、负极性相同的端子,用 * 或·来表示。

②判别法。

在绕组电流与磁通正方向符合右手螺旋关系时,可根据"凡是从同名端流进的电流所产生的磁通是同方向的"这一特点来判断同名端。

③联接组别。

反映变压器高、低压侧绕组的连接方式,以及在正相序电源时,高、低压侧绕组对应线电势的相位关系。

④联接组别的时钟表示法(图1.13)。

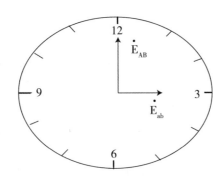

图 1.13　联接组别的时钟表示法图

把高压侧电势作为时钟的分针，指向 12 点位置，再把低压线电势作为时钟的时针，其指向的数字就是变压器的联接组标号。

(2)单相变压器的极性和同名端(图 1.14)。

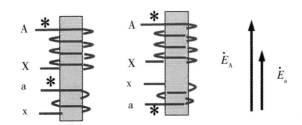

绕向相同，标号相反　　　　　　　　绕向相反，标号相同

同极性端同标志时，一、二次绕组的电动势同相位 I/I-12

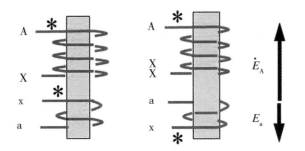

绕向相同，标号相同　　　　　　　　绕向相反，标号相反

同极性端异标志时，一、二次绕组的电动势反相位 I/I-6

图 1.14　单相变压器的极性和同名端图

(3)三相变压器的联接组。

三相变压器的联接组标号不仅与绕组的绕向和首、末端标志有关，而且还与三相绕组的连接方式有关。

由于三相绕组可以采用不同连接方式，使得三相变压器一次、二次绕组的线电势出现不同的相位差。

①接法：大写字母表示一次侧（或原边）的接线方式，小写字母表示二次侧（或副边）的接线方式。Y（或 y）为星形接线，D（或 d）为三角形接线。

②相位关系：采用时钟表示法，用来表示一、二次侧线电势的相位关系。

例如：Dyn－11

D 表示一次绕组为三角型接线，y 表示二次测绕组星型接线，n 表示引出中性线，11 表示二次测绕组的相角滞后一次绕组 330°。

③变压器的 4 种基本连接形式："Y，y"、"D，y"、"Y，d"和"D，d"。

④我国标准的变压器接组别：Y，yn0；Y，d11；YN，d11；YN，y0；Y，y0。

图 1.15 所示为 Y，y0 联接组图。

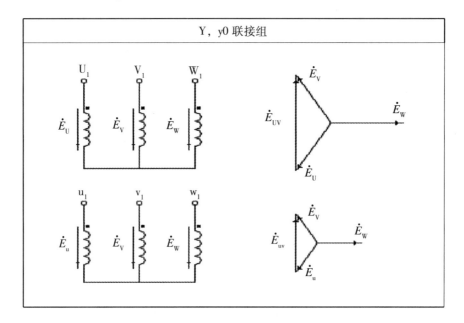

图 1.15　Y，y0 联接组图

Y，y0 含义：

高、低压绕组均为星形连接，高、低压侧对应线电动势同相位。

低压绕组三相标志依次后移，可得到 Y，y4、Y，y8 联接组别。

图 1.16 所示为 Y，y6 联接组图。

图 1.16 所示为 Y，y6 联接组图

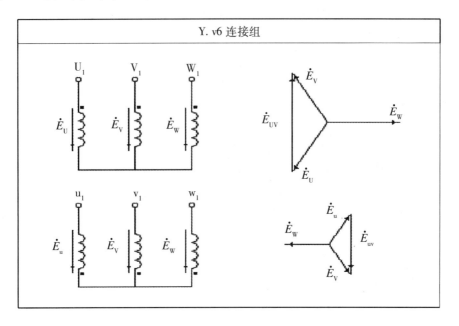

图 1.16　Y，y6 联接组图

Y，y6 含义：

高、低压绕组均为星形联接，高、低压侧对应线电动势反相位。

低压绕组三相标志依次后移，可得到 Y，y10、Y，y2 联接组别。

图 1.17 所示为 Y，d11 联接组图。

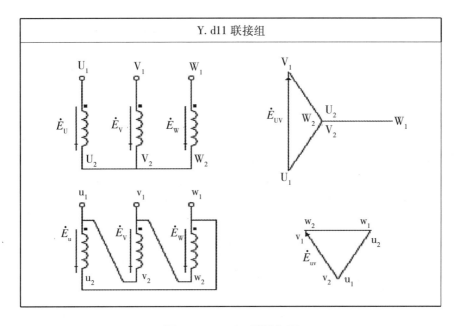

图 1.17　Y，d11 联接组图

Y, d11 含义:

高压绕组为 Y 接, 低压绕组为 d 接, 低压线电动势超前高压线电动势30°。

低压绕组三相标志依次后移, 可得到 Y, d3、Y, d7 连接组别。

图 1.18 所示为 Y, d1 连接组图。

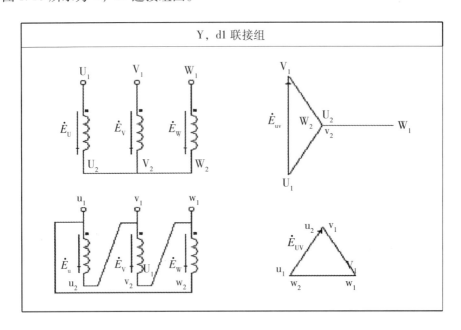

图 1.18　Y, d1 联接组图

Y, d1 含义:

高压绕组为 Y 接, 低压绕组为 d 接, 低压线电动势滞后高压线电动势30°。

低压绕组三相标志依次后移, 可得到 Y, d5、Y, d9 联结组别。

总之:

对于 Y, y(或 D, d)连接, 可得到 0、2、4、6、8、10 等 6 个偶数组别;

对于 Y, d(或 D, y)连接, 可得到 1、3、5、7、9、11 等 6 个奇数组别。

标准连接组别有 5 种:

Y, yn0: 二次例带中线构成三相四线制, 作为 400 V 配电变压器供三相动力和单相照明负载。

Y, d11: 用于低压侧电压超过 400 V, 高压侧电压在 35 kV 以下的变压器中。

YN, d11: 用于高压输电线路中, 高压侧可以接地, 电压一般在 35 ~ 110kV 及以上。

YN, y 0: 用于高压侧中性点需要接地的场合。

Y, y 0: 用于只供三相负载的场合。

其中, 前三种最为常用。

6. 三相变压器的并联运行

1）理解三相变压器并联运行的含义

所谓变压器的并联运行，就是将两台或两台以上变压器的一次绕组接到同一电源上，二次绕组接到公共母线上，共同给负载供电，如图1.19所示。

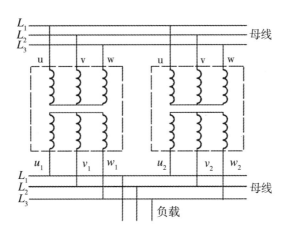

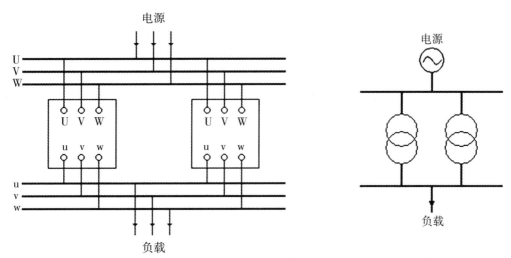

图 1.19　三相变压器并联运行图

现代电力系统常采用多台变压器并联运行的方式。并联运行的优点：

（1）当某台变压器发生故障或需要检修时，可以把它从电网切除，而电网仍能继续供电，提高供电的可靠性；

（2）可以根据负荷的大小，调整并联运行变压器的台数，以提高运行的效率；

（3）随着用电量的增加，分期安装变压器，可以减少设备的初期投资；

（4）并联运行时每台的容量小于总容量，这样可以减小备用变压器的容量。

但变压器的并联台数不宜过多，因为单台大容量的变压器比总容量与其相同的几台小容量的变压器造价要低，且安装占地面积也小。

变压器并联运行的理想情况：在空载运行时，各变压器绕组之间无环流；在负载运行时，各变压器所分担的负载电流与其容量成正比，防止某台过载或欠载，使并联的容量得到充分发挥；带上负载后，各变压器分担的电流与总的负载电流同相位，当总的负载电流一定时，各变压器所负担的电流最小，或者说当各变压器的电流一定时，所能承受的总负载电流为最大。

2）分析变压器并联运行情况

[**例题**2]有两台变压器并联运行，它们的额定电流分别是 $I_{2NA} = 100$ A，$I_{2NB} = 50$ A，它们的短路阻抗 $Z_{KA} = Z_{KB} = 0.2$ Ω，总负载电流 $I = 150$ A，试分析这两台变压器并联运行情况。

解： 根据公式 $\dfrac{I_A}{I_B} = \dfrac{Z_{KB}}{Z_{KA}} = \dfrac{0.2}{0.2} = 1$

则总电流 $I = I_A + I_B = 2I_B$

所以 $I_A = I_E = \dfrac{1}{2}I = \left(\dfrac{1}{2} \times 150\right) = 75(\text{A})$

3）变压器并联条件

（1）变比相等。

如果变比不等，会在两台变压器两侧产生电压差，产生环流。

（2）连接组别相同。

连接组别不同时，二次侧线电压之间至少相差30°，由于变压器的短路阻抗很小，大电压差将产生几倍于额定电流的空载环流，会烧毁绕组，因此连接组别必须相同。

（3）短路阻抗标么值相等。

各台变压器所分担的负载电流大小与其短路阻抗标么值成反比。

（4）阻抗电压相等。

阻抗电压相等，各台变压器所分担的负载才能相同。

四、实验内容及要求

（1）在实验前提前预习要用到的内容，在实验时能够更好地理解。

（2）在观察实验器材时，注意轻拿轻放，防止仪器损坏。

（3）注意区分变压器的各组成部分，认清它们的用途。

（4）在学习变压器的工作原理时，要结合图、公式、理论一起理解才能更透彻。

（5）在计算前，要仔细理解老师的计算思路，理解后再进行计算。

（6）在实验结束后整理好实验台，带走自己的垃圾。

五、思考题

一台三相电力变压器，$S_N = 5600$ kV·A，$U_{1N}/U_{2N} = 6000/3300$ V，Y/d 连接。试求：一、二次额定电流及相电流。

六、实验报告要求

（1）根据要求记住所用公式。

（2）标明实验电路所用器件的型号。

（3）记录实验中发现的问题、错误、故障及解决方法。

任务 2　变压器的设计与拆装

一、实验目的

(1)掌握变压器的设计和参数的计算。

(2)掌握变压器的拆装。

(3)掌握变压器装配的工艺流程图。

(4)掌握撰写实验报告的方法。

二、实验仪器

实验仪器如表 1-4 所示。

表 1-4　实验仪器

使用设备名称	数量
变压器	1

三、知识学习及操作步骤

1. 变压器的设计

1)变压器的铁芯的材料、结构、性能参数

变压器的铁芯材料采用优质冷轧硅钢片,采用阶梯形的三级接缝,表面涂刷固化漆,以降低损耗和噪声。

2)铁芯尺寸的选择

为了提高铁芯的导磁性能,减小磁滞损耗和涡流损耗,铁芯多采用厚度为 0.35 ~ 0.5 mm 的硅钢片。

3)变压器绕组的材料及其分类

变压器绕组常用绝缘铜线或铝线绕制而成,还有用铝箔绕制而成的。

高低压绕组在铁芯柱上的排列方式有同芯式和交叠式两种类型。

4)变压器器身绝缘材料的分类及绝缘等级的选择

变压器器身采用高强度绝缘压板压紧,所有引线均牢固夹持,从而保证了产品的抗短路能力。变压器的绝缘等级是允许温升的标准,绝缘等级是按其所用绝缘材料的耐热等级,分为 A、E、B、F、H 级。各绝缘等级具体允许的温升标准如表 1-5 所示。

表 1-5　各绝缘等级具体允许温升标准

	A	E	B	F	H
最高允许温度℃	105	120	130	155	180
绕组温升限值 K	60	75	80	100	125
性能参考温度℃	80	95	100	120	145

5）变压器油箱的基本要求、分类、常用油箱的结构

变压器油箱采用高强度钢板焊接而成。油箱内部采取防磁屏蔽措施，以减小杂散损耗。磁屏蔽的固定和绝缘应良好，避免因接触不良引起过热或放电。各类电屏蔽应导电良好和接地可靠，避免悬浮放电或影响绕组的介质损耗因数值。

油箱是变压器的外壳，内装铁芯和绕组并充满变压器油，使铁芯和绕组浸在油内。变压器油起绝缘和散热作用。大型变压器一般有两个油箱，一个为本体油箱，一个为有载调压油箱，有载调压油箱内装有分接开关。

常见的变压器油箱按其容量的大小，可分为有箱式油箱、钟罩式油箱和密封式油箱3种基本型式。

6）变压器装配的工艺流程图

变压器装配的工艺流程图，如图1.20所示。

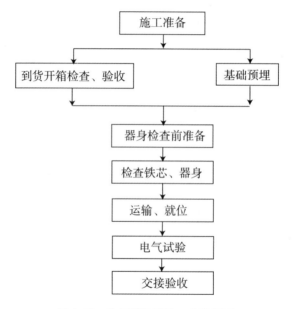

图1.20 变压器装配的工艺流程图

2. 变压器的拆装

1）变压器的拆卸

（1）拆开变压器。

①将变压器的外壳撬开，如图1.21所示。

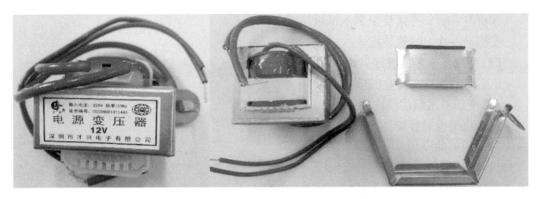

图 1.21 撬开变压器外壳

②用锤子敲打钢片，再用锤子撬开钢片，将第一片钢片卸下后，其余钢片用手直接拔下，如图 1.22 所示。

图 1.22 卸下钢片

③将一次、二次绕组从塑料壳中抽出，如图 1.23 所示。

图 1.23 一次、二次绕组

④拆开一次、二次绕组的绝缘纸。

⑤拆开一次、二次绕组。

(2)变压器铁芯的叠加方法。

E字型硅钢片交叉叠放排列。

(3)变压器绕组的绕法。

一次绕组逆时针缠绕，二次绕组顺时针缠绕。

2)变压器的安装

(1)变压器的安装步骤。

①将绕组线圈缠绕在塑料槽中，然后缠上绝缘纸。

②将绕组线圈插入塑料壳中。

③将钢片按顺序叠放好，如图1.24所示。

图1.24　钢片安装

④将外壳罩上，锁死，如图1.25所示。

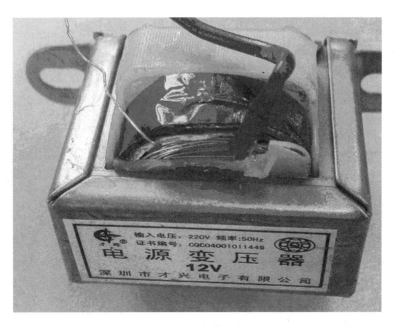

图 1.25　安装外壳

（2）变压器参数的测量工具。

万用表、千分尺。

（3）变压器参数的测量。

一次侧电压 220 V，二次侧电压 12 V。

经万用表测得，一次侧绕组电阻_____Ω，二次侧绕组电阻_____Ω。

用千分尺测得，一次侧绕组线径_____mm，二次侧绕组线径_____mm，如图 1.26 所示。

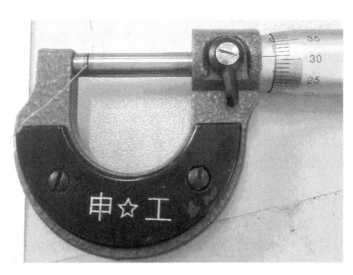

图 1.26　千分尺测量

一次侧绕组_____匝，绝缘纸_____层；二次侧绕组_____匝，绝缘纸_____层。

四、实验内容及要求

1. 变压器的设计

(1)变压器铁芯的材料、结构、性能参数。

(2)铁芯尺寸的选择。

(3)变压器绕组的材料及其分类。

(4)变压器器身绝缘材料的分类及绝缘等级的选择。

(5)变压器油箱的基本要求、分类及常用油箱的结构。

(6)变压器装配的工艺流程图。

2. 变压器参数的计算

(1)变压器额定电压和额定电流的计算。

(2)变压器高、低压绕组匝数的计算。

(3)变压器变比的计算。

(4)变压器铁芯磁通的计算。

3. 熟悉变压器的结构、特点，学会变压器的拆装

五、思考题

(1)简述变压器的原理。

(2)简述变压器的结构。

(3)配电变压器与电力变压器的区别?

六、实验报告要求

(1)正确选择变压器型号。

(2)遵循变压器拆装步骤。

(3)记录实验中发现的问题、错误、故障及解决方法。

任务3 变压器的空载实验

一、实验目的

(1)通过实验加深对变压器性能与特点的了解。

(2)了解绕组在装配过程中有无损伤、铁芯有无变形或尺寸是否超差而造成损耗增加等。

(3)通过测量空载电流和一、二次电压及空载功率来计算变比、空载电流百分数、铁损和励磁阻抗。

(4)掌握测量过程中各种仪表的连接方式，了解减小测量误差的方法。

二、实验仪器

实验仪器如表 1-6 所示。

表 1-6 实验仪器

序号	使用设备名称	数量
1	功率表	1
2	电压表	2
3	电流表	1
4	单相变压器	1
5	万用表	1
6	调压器	1
7	电工工具及导线	若干

三、知识学习及操作步骤

（1）变压器的空载运行及负载运行。

空载时的电磁过程。

空载运行：二次侧不带负载，$\dot{I}_2 = 0$。

图 1.27 所示为空载运行图及各分量关系图。

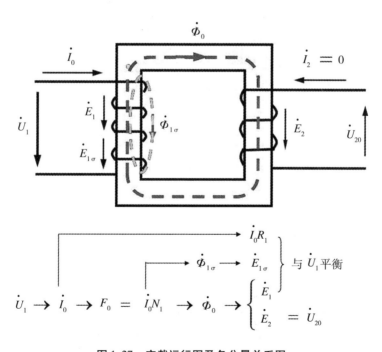

图 1.27 空载运行图及各分量关系图

（2）主磁通和漏磁通比较。

磁路不同：φ_0 沿铁芯闭合，φ_0 与 I_0 成非线性。$\varphi_{1\sigma}$ 沿空气闭合，$\varphi_{1\sigma}$ 与 I_0 成线性。

数量不同：主磁路磁阻小，φ_0 多；漏磁路磁阻大，$\varphi_{1\sigma}$ 很少。

性质不同：φ_0 是互感磁通；同时交联一、二次绕组。$\varphi_{1\sigma}$ 是自感磁通；只交联自身绕组。

作用不同：φ_0 起传递能量作用，$\varphi_{1\sigma}$ 只在绕组上产生漏抗压降。

（3）变比。

变比 k 的定义是：一、二次绕组的主电动势之比，即

$$k = \frac{E_1}{E_2} = \frac{N_1}{N_2} \approx \frac{U_1}{U_{20}} = \frac{U_{1N}}{U_{2N}}$$

变比等于一、二次绕组匝数比，近似等于一、二次额定电压比。

注意：三相变压器的变比等于一、二次绕组额定相电压之比。

（4）负载时的电磁过程。

负载运行：变压器一次侧接在额定频率、额定电压的交流电源上，二次侧接上负载时的运行状态。

图 1.28 所示为负载运行图及各分量关系图。

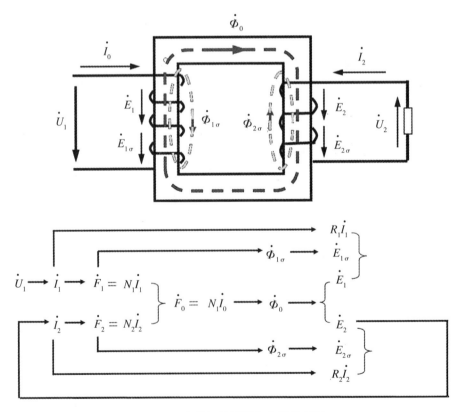

图 1.28　负载运行图及各分量关系图

　　空载(变压器)是指变压器的一次绕组接入电源，二次绕组开路的工作状态。此时，一次绕组中的电流称为变压器的空载电流。空载电流产生空载磁场。在主磁场(即同时交联一、二绕组的磁场)作用下，一、二次绕组中便感应出电动势。

　　(2)在三相调压交流电源断电的条件下，按图 1.29 接线。被测变压器选用单相变压器，其额定容量 $P_N =$ _____ V·A，$U_{20}/U_1 = 220/$ _____ V，$I_{1N}/I_{2N} =$ _____/_____ A。变压器的低压线圈 a、x 接电源，高压线圈 A、X 开路。

　　(3)选好所有测量仪表的量程。将控制屏左侧调压器旋钮向逆时针方向旋转到底，即将其调到输出电压为零的位置。

　　(4)合上交流电源总开关，按下"起动"按钮，接通三相交流电源。调节三相调压器旋钮，使变压器空载电压 $U_1 = 1.2U_N$，然后逐渐降低电源电压，在 $1.2 \sim 0.3U_N$ 范围内，测取变压器的 U_1、I_0、P_0、U_{20}。

　　(5)测取数据时，$U_1 = U_N$ 点必须测量，并在该点附近测量点分布较密(使测量点为 1.2、1.1、1、0.9、0.8、0.7、0.6、0.3 倍 U_N)，共测取数据 7 ~ 8 组。记录于表 1 - 7 中。

　　(6)为了计算变压器的变比，在 U_N 以下测取原边电压的同时测出副边电压数据，记录于表 1 - 7 中。

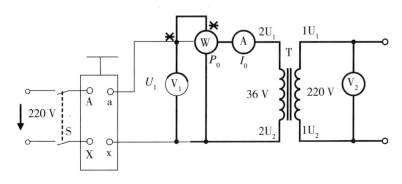

图 1.29　变压器的空载实验原理图

表 1 - 7　实验所得数据

序号	实验数据				计算数据
	U_1(V)	I_0(A)	P_0(W)	U_{20}(V)	$\cos\varphi_0$
1	$1.2U_N$				
2					
3					
4					
5					
6					
7	$0.3U_N$				

四、实验内容及要求

(1)检查各电器元件及仪表的质量情况,了解其使用方法。

(2)用万用表检查所连线路是否正确,自行检查无误后,经指导教师检查认可后进行合闸通电试验。

五、思考题

(1)描述空载运行状况。

(2)为什么变压器的铁耗可近似用空载实验确定?

(3)变压器空载实验一般在哪侧进行?将电源加在低压侧或高压侧上所测得的空载电流、空载电流百分值、空载功率、励磁阻抗是否相等?

六、实验报告要求

(1)变压器变比计算:$k = \dfrac{U_1}{U_{20}}$,并取 3 组数据的平均值。

(2)绘出空载特性曲线。

(3)计算励磁参数:

①空载电流百分比:

$$I_0\% = \frac{I_0}{I_{1N}} \times 100\%$$

②铁芯损耗:

$$P_{F_e} = P_0$$

③励磁阻抗:

$$Z_m = \frac{U_{1N}}{I_0}$$

④励磁电阻:

$$R_m = \frac{P_0}{I_0^2}$$

⑤励磁电抗:

$$X_m = \sqrt{Z_m^2 - R_m^2}$$

任务 4 变压器的短路实验

一、实验目的

求取:变压器的短路电压百分值 $U_S\%$;铜损耗 P_{Cu};矩路参数 R_s、X_s。

二、实验仪器

实验仪器如表 1 - 8 所示。

表 1 – 8　实验仪器

序号	使用设备名称	数量
1	变压器	1
2	功率表	1
3	电流表	1
4	电压表	1
5	自耦变压器	1
6	电工工具及导线	若干

三、知识学习及操作步骤

单相变压器短路实验的接线如图 1.29(a)所示。

短路实验也可以在变压器的任何一侧进行，但为了安全和仪表选择方便，通常在高压侧进行，即高压侧加电压，低压侧短路。由于变压器的短路阻抗很小，为了避免过大的短路电流损坏绕组，外加电压必须很低($4\% \sim 10\% U_{1N}$)。为了减小电压的测量误差，接线时应注意把电压表和功率表的电压线圈并联在变压器线圈侧。由于外加电压 U_s 很低，铁芯中主磁通很小，故励磁电流和铁芯损耗可等效电路中的励磁支路相当于开路，从而得到短路时的等效电路图如图 1.30(b)所示。

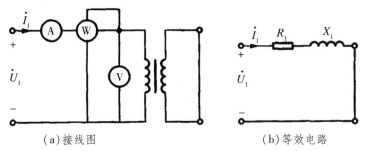

(a)接线图　　　　　　　　(b)等效电路

图 1.30　路线图与等效电路

实验时，缓慢升高外加电压 U_s，直到短路电流 I_s 达到额定值时，即读取电压表读数 U_s、电流表读数 I_s 和功率表读数 P_s，然后切断电源。测得的输入功率 P_s 称为短路损耗，又称为负载损耗，它等于一次、二次绕组电阻上的铜损耗，$P_s \approx I_{1N}^2 R_s = P_{Cu}$；测得的一次电压 U_s 称为短路电压，又称阻抗电压，它等于额定电流在短路抗上产生的压降，即 $U_s = I_{1N} Z_s$。

根据测量结果可以计算出短路参数：

短路阻抗：

$$Z_s = \frac{U_s}{I_{1N}} \tag{1-4}$$

短路电阻：

$$R_s = \frac{P_s}{I_{1N}^2} \tag{1-5}$$

短路电抗：

$$X_s = \sqrt{Z_s^2 - R_s^2} \tag{1-6}$$

和空载实验一样，对于三相变压器，在应用式（2-1）、式（2-2）、式（2-3）时，U_s、P_s、I_s 应该采用一相值来计算。

在 T 形等效电路中可近似认为

$$\begin{cases} R_1 \approx R'_2 = \dfrac{1}{2}R_s \\ X_1 \approx X'_2 = \dfrac{1}{2}X_s \end{cases} \tag{1-7}$$

由于绕组电阻随温度升高而增大，而短路实验一般在室温下进行，故测得的电阻值应该换算到基准工作温度时的数值。国家标准规定，油浸式变压器的基准工作温度为 75℃。设短路实验时的室温为 θ，则换算到 75℃时的短路电阻和短路分别为

$$R_{s(75℃)} = \frac{235+75}{235+\theta}R_s \tag{1-8}$$

$$Z_{s(75℃)} = \sqrt{R_{s(75℃)}^2 + X_s^2} \tag{1-9}$$

式中，常数 235 对应铜线绕组，若为铝线绕组则为 228。

铜耗 P 和短路电压 U，也应换算到 75℃时的数值，即

$$p_{Cu(75℃)} = I_{1N}^2 R_{s(75℃)} \tag{1-10}$$

$$U_{s(75℃)} = I_{1N} Z_{s(75℃)} \tag{1-11}$$

短路电压通常以额定电压的百分值表示，即

短路电压：

$$U_s = \frac{I_{1N}Z_{s(75℃)}}{U_{1N}} \times 100\% \tag{1-12}$$

短路电压有功分量：

$$U_{sr} = \frac{I_{1N}R_s(75℃)}{U_{1N}} \times 100\% \tag{1-13}$$

短路电压无功分量：

$$U_{sr} = \frac{I_{1N}X_s}{U_{1N}} \times 100\% \tag{1-14}$$

短路电压的大小反映了变压器额定运行时其内部抗压降的大小，对变压器运行性能有很大影响，从正常运行角度看，希望它小些，这样，负载变化时二次电压波动就小些；但从限制短路电流角度考虑，则希望它大些，相应的短路电流小些。一般中、小型电力变压器的 U_s =4%~10.5%，大型电力变压器的 U_s =12.5%~17.5%。

四、实验内容及要求

（1）检查各电器元件及仪表的质量情况，了解其使用方法。

（2）用万用表检查所连线路是否正确，自己检查无误后，经指导教师检查认可后合闸通电试验。

五、思考题

(1)描述短路运行状况。

(2)为什么变压器的铜耗可近似用短路实验确定?

(3)变压器短路实验一般在哪侧进行? 将电源加在低压侧或高压侧所测得的短路电压、短路电压百分值、短路功率、短路阻抗是否相等?

六、实验报告要求

(1)根据实验内容计算相关数值。

(2)记录实验中发现的问题、错误、故障及解决方法。

任务5　特殊变压器的认识

一、实验目的

通过实验学习特殊变压器及其特点与用途。

二、实验仪器

实验仪器如表 1 – 9 所示。

表 1 – 9　实验仪器

序号	使用设备名称	数量
1	自耦变压器	1
2	仪用互感器	1

三、知识学习及操作步骤

通过学习,了解自耦变压器和仪用互感器;然后掌握各特点与用途。

1. 自耦变压器

把普通双绕组变压器的高、低压绕组串联连接,便构成一台自耦变压器。正方向规定与双绕组变压器相同。

自耦变压器是一个单绕组变压器,原理接线图如图 1.31 所示,由图可知,自耦变压器在结构上的特点是二次和一次绕组共用一部分线圈。自耦变压器同双绕组变压器有着同样的电磁平衡关系。

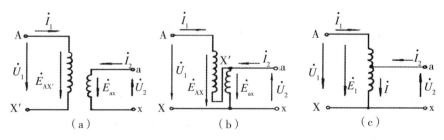

图 1.31　自耦变压器图

（1）电压关系自耦变压器有着与双绕组变压器类似的电压比关系，即

$$\frac{U_1}{U_2} = \frac{E_1}{E_2} = \frac{N_1}{N_2} = k \tag{1-15}$$

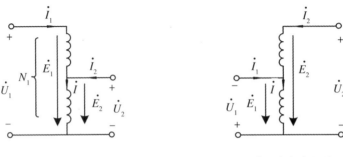

（a）降压自耦变压器　　　　　（b）升压自耦变压器

图 1.32　降压与升压自耦变压器

（2）电流关系：

$$\frac{I_1}{I_2} = \frac{N_2}{N_1} = \frac{1}{k} \tag{1-16}$$

（3）输出视在功率：

$$S_2 = U_2 I_2 = U_2 I_1 + U_2 I \tag{1-17}$$

由电流 I_1 直接传到负载的功率，故称为传导功率；而通过电磁感应传到负载的功率，故称为电磁功率。由此可见，自耦变压器二次侧所得的功率不是全部通过磁耦合关系从一次侧得到的，而是有一部分功率直接从电源得到，这是自耦变压器的特点。

变压器的用铁和用铜量取决于线圈的电压和电流，即取决于线圈的容量。因此可以得出在输出容量相同的情况下，自耦变压器比普通双绕组变压器省铁、省铜、尺寸小、质量轻、成本低、损耗小、效率高。电压比 k 越接近 1，优点越显著，因此自耦变压器的变压比 k 常取 $1.25 \sim 2$。

自耦变压器的一、二次侧有电的直接联系，当过电压侵入或公共线圈断线时，二次侧将受到高压的侵袭，因此自耦变压器的二次侧也必须采取高压保护，防止高压入侵损坏低压侧的电气设备。

自耦变压器可做成单相与三相的、升压与降压的。自耦变压器主要用于连接不同电压的电力系统中，也可用作交流电动机的降压起动设备和实验室的调压设备等。

2. 仪用互感器

在生产和科学实验中，往往需要测量交流电路中的高电压和大电流，这就不能用普通的电压表和电流表直接测量。一是考虑到仪表的绝缘问题，二是直接测量易危及操作人员的人身安全。因此，人们选用变压器将高电压变换为低电压，大电流转换为小电流，然后再用普通的仪表进行测量，这种供测量用的变压器称为仪用互感器，分为电压互感器和电流互感器两种。

1）电压互感器

电压互感器实际上是一台小容量的降压变压器，它的一次侧匝数很多，二次侧匝

数较少，工作时，一次侧并接在需测电压的电路上，二次侧接在电压表或功率表的电压线圈上。

电压互感器二次绕组连接阻抗很大的电压表，工作时相当于变压器处于空载运行状态。测量时用二次电压表读数乘以电压比 k 就可以得到线路的电压值，如果测是 U_2 的电压表是按 kU_2 来刻度，从表上便可直接读出被测电压值。

电压互感器有两种误差：一种为电压比误差，指二次电压的折算值 U_2 和一次电压 U_1 间的算术差；另一种为相角误差，即二次电压的折算值和一次电压间的相位差。按电压比误差的相对值，电压互感器的准确级可分为 0.1、0.2、0.5、1.0、3.0 五个等级。

使用电压互感器必须注意以下几点：

（1）电压互感器不能短路，否则将产生很大的电流，导致绕组过热而被烧坏。

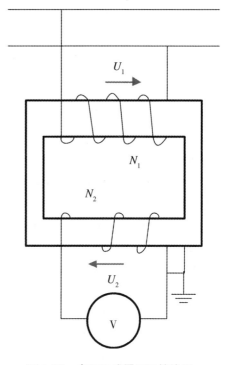

图 1.33 电压互感器原理接线图

（2）电压互感器的额定容量是根据对应准确级确定的，二次侧所接的阻抗值不能小于规定值，即不能多带电压表或电压线圈，否则电流过大会降低电压互感器的准确级等级。

（3）铁芯和二次侧绕组的一端应牢固接地，以防止因绝缘损坏时二次侧，出现高压，危及操作人员的人身安全

2）电流互感器

电流互感器的一次绕组匝数很少，有的只有一匝；二次绕组匝数很多。它的一次侧与被测电流的线路串联，二次侧接电流表或瓦特表的电流线圈。因电流互感器线圈的阻抗非常小，串入被测电路，对其电流基本上没有影响，电流互感器工作时，二次侧所接电流表的阻抗很小，相当于变压器处于短路工作状态。

测量时一次电流等于电流表测得的数值，电流读数乘以 $\frac{1}{k}$，利用电流互感器可得，一次电流的范围扩大为 10~25000 A，二次额定电流一般为 5 A，另外，一次绕组还可以有多个抽头，分别用于不同的电流比例。

由于互感器内总有励磁电流，因此总有电

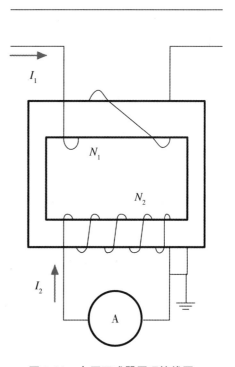

图 1.34 电压互感器原理接线图

压比误差和角度误差。按电压比误差的相对值,电流互感器分为0.1、0.2、0.5、1.0、3.0、5.0六个等级。

使用电流互感器必须注意以下几点:

(1)电流互感器工作时,二次侧不允许开路。因为开路时$I_2 = 0$。失去二次侧的去磁作用,一次侧磁动势$I_1 N_1$,成为励磁磁动势,将使铁芯中磁通密度剧增。这样,一方面使铁芯损耗剧增,铁芯严重过热,甚至烧坏;另一方面还会在二次绕组产生很高的电压,有时可达数千伏以上,会将二次侧线圈击穿,还会危及测量人员的安全。在运行中换电流表时,必须先把电流互感器二次侧短接,换好仪表后再断开短路线。

(2)二次绕组回路串入的阻抗值不得超过有关技术标准的规定,否则将影响电流互感器的准确级。

(3)为了安全,电流互感器的二次绕组必须牢固接地,以防止绝缘损坏时高压传到二次侧,危及测量人员的人身安全。

四、实验内容及要求

(1)在实验前提前预习要用到的内容,在实验时能够更好的理解。

(2)在观察实验器材时,注意轻拿轻放,防止仪器损坏。

(3)注意区分变压器的各组成部分,认清它们的用途。

(4)在学习变压器的工作原理时,要结合图、公式、理论一起理解才能更透彻。

(5)在计算前,要细致理解老师的计算思路,理解后再进行计算。

(6)在实验结束后整理好实验台,带走自己的垃圾。

五、思考题

生活中有哪些地方运用到了特种变压器?举例说明。

六、实验报告要求

(1)根据要求画出原理接线图。

(2)标明实验电路所用器件型号。

(3)记录实验中发现的问题、错误、故障及解决方法。

项目二 电动机的基本认识

任务 1　三相异步电动机的认识与拆装

一、实验目的

（1）了解三相异步电动机的分类。
（2）认识异步电动机的基本结构。
（3）掌握三相异步电动机的拆装。
（4）理解三相异步电动机铭牌数据和"异步"含义。

二、实验仪器

实验仪器如表 2 - 1 所示。

表 2 - 1　实验仪器

使用设备名称	数量
三相异步电动机	1

三、实验内容及原理

1. 电动机的认识

电动机是一种把电能转换成机械能的动力设备。在机械、冶金、石油、煤炭、航空等行业以及日常生活中获得广泛应用，起着不可或缺的作用。其中异步电动机因其具有结构简单、价格低廉、使用维护方便等优点，应用最为广泛。图 2.1 所示为最为常见的三相异步电动机的外形图。

图 2.1　三相异步电动机

三相异步电动机虽然种类很多，但其基本结构都相同，都是由定子和转子两大部分组成，在定子和转子之间具有气隙(0.12 ~ 2 mm)。此外还包括端盖、轴承、接线盒等其他附件。让我们通过图 2.2 来具体地认识三步异相电动机的基本结构。

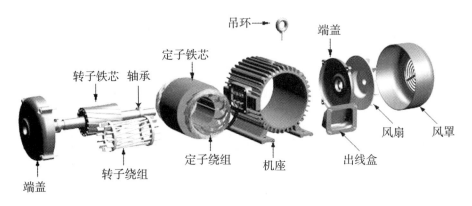

图2.2 三相异步电动机基本结构

1）定子

异步电动机的静止部分称为定子，是由机座、定子铁芯和定子绕组三部分组成。

（1）机座：机座的作用主要是固定与支撑定子铁芯，因此必须具备足够的机械强度和刚度。另外它也是电动机磁路的一部分。中小型异步电动机通常采用铸铁机座，并根据不同的冷却方式采用不同的机座形式。大型电动机一般采用钢板焊接机座。

（2）定子铁芯：定子铁芯是异步电动机磁路的一部分，铁芯内圆上冲有均匀分布的槽，用以嵌放定子绕组，如图2.3所示。为降低损耗，定子铁芯用0.5 mm厚的硅钢片叠装而成，硅钢片的两面都涂有绝缘漆。

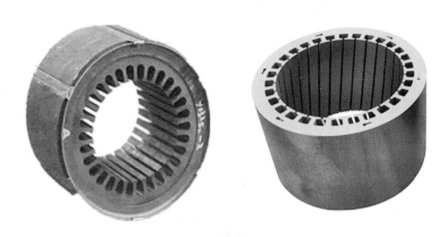

图2.3 定子铁芯结构

（3）定子绕组。定子绕组是三相对称绕组，当通入三相交流电时，能产生旋转磁场，并与转子绕组相互作用，实现能量的转换与传递。图2.4所示为异步电动机定子绕组出线端的连接，图2.5所示为异步电动机定子绕组。

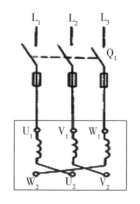

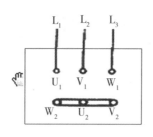

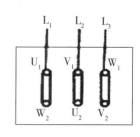

（a）三相绕组内部接线　　　　　（b）星形联结　　　　　（c）三角形联结

图 2.4　异步电动机定子绕组出线端的连接

图 2.5　异步电动机定子绕组

2）转子

异步电动机的转子是电动机的转动部分，由转子铁芯、转子绕组、转轴等部件组成。它的作用是带动其他机械设备旋转。

（1）转子铁芯：转子铁芯的作用和定子铁芯的作用相同。它也是电动机磁路的一部分。在转子铁芯外圆上均匀地分布许多槽，用来嵌放转子绕组。转子铁芯也是用 0.5 mm 的硅钢片叠压而成，整个转子铁芯固定在转轴上。转子铁芯如图 2.6 所示。

图 2.6　转子铁芯

（2）转子绕组：转子绕组主要的作用是产生感应电流和电动势，在旋转磁场下产生电磁转矩。三相异步电动机按转子绕组的结构可分为绕线式转子和笼型转子两种。根据转子的不同，异步电动机分为绕线式转子异步电动机和笼型异步电动机。

①笼型转子绕组。

笼型转子绕组与定子绕组大不相同，它是一个短路绕组。在转子的每个槽内放置了一根导条，槽内导条材料为铜或铝，每根导条都比铁芯长，在铁芯的两端用两个铜环将所有的导条都短路起来。如果把转子铁芯去掉，剩下的绕组形状像一个松鼠笼子，因此称为笼型转子，如图 2.7 所示。

结构：单笼型、双笼型、深槽式，其中单笼型又分为铸铝转子和铜条转子。

图 2.7　笼型转子绕组

②绕线转子绕组。

绕线转子绕组与定子绕组相似，也是嵌放在转子铁芯槽内的对称三相绕组，通常采用 Y 形接法。转子绕组的三条引线分别接到三个滑环上，用一套电刷装置与外电阻连接。一般把外接电阻串入转子绕组回路中，用以改善电动机的运行性能，如图 2.8 所示。

结构：与定子绕组具有相同极数的三相对称绕组。

接法：星形，首端接到转轴的滑环上，再通过定子端盖上的电刷与外电路相连。

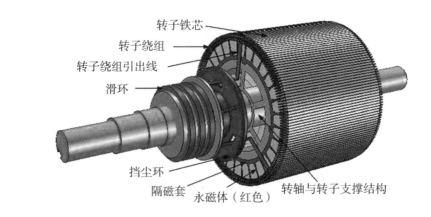

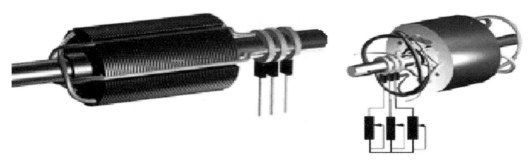

图2.8 绕线转子绕组

气隙

异步电动机的气隙比同容量的直流电动机的气隙要小得多。中型异步电动机的气隙一般为0.12~2 mm。

异步电动机的气隙过大或过小都将对异步电动机的运行产生不良影响。因为异步电动机的励磁电流是由定子电流提供的,气隙越大、磁阻越大,要求的励磁电流也越大,从而会降低异步电动机的功率因数。为了提高功率因数,应尽量让气隙小些,但也不能过小,否则会装配困难,转子还有可能与定子发生机械摩擦。但是,从减少附加损耗及谐波磁动势产生的磁通来看,气隙大一点又有好处。

2. 三相异步电动机分类

(1)按转子结构分类:笼型和绕线型。

(2)按容量分类:大型、中型、小型、微型。

(3)按防护类型分为:开启式(图2.9)、防护式、封闭式(图2.10)、防暴式(图2.11)等。

图 2.9　开启式电动机

图 2.10　封闭式电动机

图 2.11　防暴式电动机

3. 三相异步电动机铭牌

三相异步电动机铭牌的一般形式如图 2.12 所示。

三相异步电动机			
型号：Y112M-4		编号	
4.0　　KW		8.8　　A	
380 V	1440　r/min	LW	82dB
接法　△	防护等级 IP44	50Hz	45kg
标准编号	工作制 SI	B级绝缘	2000年8月
中原电机厂			

图 2.12　三相异步电动机的铭牌

我国生产的三相交流异步电动机的类型、规格及特征代号主要由汉语拼音字母和数字结合表示。例如，"Y"表示"异步电动机"；"R"表示"绕线型"。常用的有：Y——笼型异步电机、YR——绕线式异步电机、YD——多速电机、YZ——起重冶金用异步电机、YQ——高起动转矩异步电机等。Y 系列电机型号含义如下：

三相交流异步电动机的铭牌与额定值

(1)额定功率 P_N：电动机额定运行时的输出机械功率。

(2)额定电压 U_N：电动机额定状态时定子绕组的线电压。

(3)额定电流 I_N：电动机额定状态时定子绕组的线电流。

(4)额定频率 f_N：额定状态下电动机应接电源的频率。

(5)额定转速 n_N：电动机在上述额定值下转子的转速，单位为转/分(r/min 或 rpm)。

铭牌上还标注有电动机型号、绕组接法、绝缘等级和额定温升等。对于绕线式电动机还标注转子额定状态，如转子额定电压(额定状态下，转子绕组开路时滑环间的电压值)、转子未外接电路元件时的额定电流等。

四、实验步骤及要求

1. 拆卸电动机

在拆卸前，应准备好各种工具，做好拆卸前的记录和检查工作，在线头、端盖、刷握等处做好标记，以便拆卸后的装配。中小型异步电动机的拆卸步骤如下：

(1)拆除电动机的所有引线。

(2)拆卸带轮或联轴器。先将带轮或联轴器上的固定螺钉或销子松脱或取下，再用专用工具"拉马"转动丝杠，把带轮或联轴器慢慢拉出。

(3)拆卸风扇或风罩。拆卸完带轮后就可以把风罩卸下来，然后取下风扇上的定位螺栓，用锤子轻敲风扇四周，将其旋卸下来或从轴上顺槽拔出。

(4)拆卸轴承盖和端盖。一般小型电动机都只拆风扇一侧的端盖。

(5)抽出转子。对于笼型转子，直接从定子腔中抽出即可。

大部分常见的电动机，都可依照上述步骤，按由外到内的顺序拆卸，拆卸后的各部分结构如图 2-2 所示。对于有特殊结构的电动机来说，应依具体情况酌情处理。

当电动机容量很小或电动机端盖与机座配合很紧不易拆下时，可用锤子(或在轴的前端垫上硬木块)敲击，使后端盖与机座脱离，然后把后端盖连同转子一同抽出机座。

对三相笼型异步电动机进行拆卸时，可将相关情况记入表 2-2 中。

表 2-2 三相笼型异步电动机的拆卸记录表

步骤	内容	工艺要求
1	拆卸前的准备工作	拆卸前所作记号： (1)联轴器或带轮与轴的距离_____mm (2)端盖与机座间记号做于_____方位 (3)前后轴承记号的形状_____ (4)机座在基础上的记号_____

续表 2 - 2

步骤	内容	工艺要求
2	拆卸顺序	(1) _____ (2) _____ (3) _____ (4) _____ (5) _____ (6) _____
3	拆卸带轮或联轴器	(1)使用工具 _____ (2)工艺要点 _____ _____
4	拆卸端盖	(1)使用工具 _____ (2)工艺要点 _____ _____
5	检测数据	(1)定子铁芯内径 _____ mm，铁芯长度 _____ mm (2)转子铁芯内径 _____ mm，铁芯长度 _____ mm，转子 　　总长 _____ mm (3)轴承内径 _____ mm，外径 _____ mm (4)键槽长 _____ mm，宽 _____ mm，深 _____ mm
6	拆卸绕组	(1)使用工具 _____ (2)工艺要点 _____ _____

2. 装配电动机

电动机的装配工序大致与拆卸顺序相反。装配时要注意清洁各部分零部件，定子内绕组端部、转子表面都要吹刷干净，不能有杂物。

(1)定子部分。主要是定子绕组的绕制、连接、嵌放、封槽口、端部整形和接线、绕组的绝缘浸漆、烘干处理等程序。

(2)安放转子。安放转子时要特别小心，避免碰伤定子绕组。

(3)加装端盖。装端盖时，可用木槌均匀地敲击端盖四周，按对角线均匀对称地轮番拧紧螺钉，注意不要一次拧到底。端盖固定后，用手转动电动机的转子，转子应灵活、均匀、无停滞或偏轴现象。

(4)装风扇和风罩。

(5)接好引线，装好接线盒及铭牌。

在重新装配三相笼型异步电动机时，可将相关情况记入表 2 - 3 中。

表 2 - 3　三相笼型异步电动机的拆卸记录表

步骤	内容	工艺要求
1	装配前的准备工作	装配前的准备 ＿＿＿＿＿＿＿＿＿＿＿＿＿＿＿＿
2	装配顺序	(1) ＿＿＿＿＿＿＿＿＿＿＿ (2) ＿＿＿＿＿＿＿＿＿＿＿ (3) ＿＿＿＿＿＿＿＿＿＿＿ (4) ＿＿＿＿＿＿＿＿＿＿＿ (5) ＿＿＿＿＿＿＿＿＿＿＿ (6) ＿＿＿＿＿＿＿＿＿＿＿
3	工艺要点记录	

五、思考题

(1)请简述电动机的"异步"含义。

(2)三相异步电动机的旋转磁场是怎样产生的？如果三相电源的一根相线断开，三相异步电动机产生的磁场会怎样？

六、实验报告要求

记录实验中发现的问题、错误、故障及解决方法。

任务2　三相异步电动机的工作原理及机械特性

一、实验目的

(1)了解三相异步电动机的工作原理。

(2)了解旋转磁场的产生。

(3)学会计算三相异步电动机的转差率。

(4)理解三相异步电动机的机械特性。

二、实验仪器

实验仪器如表 2 - 4 所示。

表 2 - 4　实验仪器

使用设备名称	数量
三相异步电动机	1

三、知识学习及操作步骤

1. 基本原理

为了说明三相异步电动机的工作原理，我们将做如下演示实验，如图 2.13 所示。

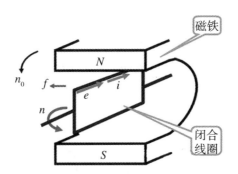

图 2.13　三相异步电动机的工作原理图

1）演示实验

在装有手柄的蹄形磁铁的两极间放置一个闭合导体，当转动手柄带动蹄形磁铁旋转时，发现导体也跟着旋；若改变磁铁的转向，则导体的转向也跟着改变。

2）现象解释

当磁铁旋转时，磁铁与闭合的导体发生相对运动，鼠笼式导体切割磁力线并在其内部发生感应电动势和感应电流。感应电流又使导体受到电磁力的作用，于是导体就沿磁铁的旋转方向转动起来，这就是异步电动机的基本原理。转子转动的方向和磁极旋转的方向相同。

3）结论

欲使异步电动机旋转，必须有旋转的磁场和闭合的转子绕组。

2. 旋转磁场

1）由电生磁——旋转磁场的产生

旋转磁场是一种极性和大小不变，且以一定转速旋转的磁场。理论分析和实践都证明，在对称三相绕组中流过对称三相交流电时会产生这种旋转磁场。

所谓三相对称绕组就是三个外形、尺寸、匝数都完全相同，首端彼此互隔120°，对称地放置到定子槽内的三个独立的绕组，它们的首端分别用字母 U_1、V_1、W_1 表示，末端分用 U_2、V_2、W_2 表示。由电网提供的三相电压是对称三相电压。由于对称三相绕组组成的三相负载是对称三相负载，每相负载的复阻抗都相等，流过三相绕组的电流也必定是对称三相电流。

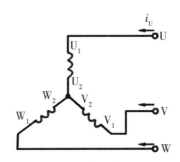

图 2.14　三相异步电动机定子接线

对称三相电流的函数式表示为

$$\begin{cases} i_U = I_m \sin\omega t \\ i_V = I_m \sin(\omega t - 120°) \\ i_W = I_m \sin(\omega t + 120°) \end{cases}$$

其波形图如图 2.15 所示。

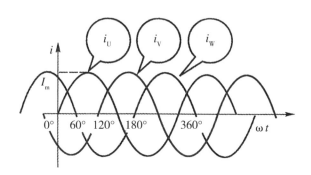

图 2.15　对称三相电流波形图

由于三相电流随时间的变化是连续的，且极为迅速，为了能考察它所产生的合成磁效应，说明旋转磁场的产生，可以选定 $\omega t = 0°$、$\omega t = 60°$、$\omega t = 120°$、$\omega t = 180°$ 四个特定瞬间以窥全貌，如图 2.16 所示。同时规定：电流为正值时，从每相绕组的首端入、末端出；电流为负值时，从末端入、首端出。用符号⊙表示电流流出，用⊗表示电流流入。由于磁力线是闭合曲线，对它的磁极的性质作如下假设：磁力线由定子进入转子时，该处的磁场呈现 N 极磁性；反之，则呈现 S 极磁性。

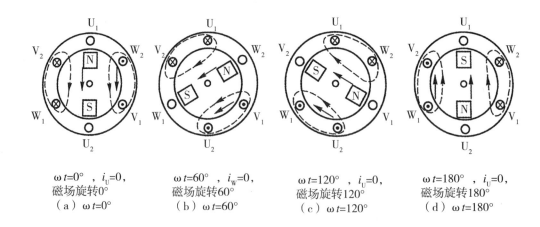

$\omega t = 0°$，$i_U = 0$，磁场旋转0°
（a）$\omega t = 0°$

$\omega t = 60°$，$i_W = 0$，磁场旋转60°
（b）$\omega t = 60°$

$\omega t = 120°$，$i_U = 0$，磁场旋转120°
（c）$\omega t = 120°$

$\omega t = 180°$，$i_U = 0$，磁场旋转180°
（d）$\omega t = 180°$

图 2.16　旋转磁场的产生

在 $\omega t = 0°$ 这一瞬间，从电流瞬时表达式和波形图均可看出，此时 $i_U = 0$，$i_V < 0$，$i_W > 0$，将各相电流方向表示在各相绕组剖面图上，如图 2.16(a) 所示。从图 2.16(a) 可以看出，V_2、W_1 均为电流流入，W_2、V_1 均为电流流出。根据右手螺旋定则，它们合成磁场的磁力线方向是由右向左穿过定子、转子铁芯,是一个二极(一对极)磁场。用同样的方法,可画出 $\omega t = 60°$、$\omega t = 120°$、$\omega t = 180°$ 这三个特定瞬间的电流与磁力线的分布情况,如图 2.16(b)、(c)、(d)所示。

依次仔细观察图 2.16,会发现这种情况下建立的合成磁场既不是静止的,也不是方向交变的,而是如一对磁极在旋转的磁场。随着三相电流相应的变化,其合成的磁场按顺时针方向旋转。

旋转磁场的转速为

$$n_1 = \frac{f_1}{p}(\text{r/s}) = \frac{60f_1}{p}(\text{r/min}) \tag{2-1}$$

式中:

f_1——交流电的频率,Hz;

p——磁极对数。

用 n_1 表示旋转磁场的转速,称为同步转速。

2)动磁生电——电磁感应定律的应用

图 2.17 所示为三相异步电动机的工作原理图。定子上装有对称三相绕组。定子接通三相电源后,即在定子、转子之间的气隙内建立了一个同步转速为 n_1 的旋转磁场。磁场旋转时将切割转子导体,由电磁感应定律可知,在转子导体中将产生感应电动势,其方向可由右手定则确定。磁场逆时针方向旋转时,导体相对磁极为顺时针方向切断磁力线。转子上半边导体感应电动势的方向为"入",用 ⊗ 表示;下半边导体感应电动势的方向为"出",用 ⊙ 表示。因转子绕组是闭合的,导体中有电流,电流方向与电动势相同。

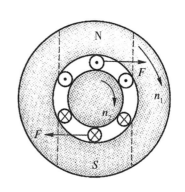

图 2.17 三相异步电动机的工作原理

3)形成电磁转矩——电磁力定律的应用

载流导体在磁场中会受到电磁力,其方向由左手定则确定,如图 2.17 所示。在转子导条上形成一个逆时针方向的电磁转矩,于是转子就跟着旋转磁场按逆时针方向转动。从工作原理上看,不难理解三相异步电动机为什么又叫作感应电动机了。

综上所述,三相异步电动机能够转动的必备条件有两个:一是电动机的定子必须产生一个在空间内不断旋转的磁场;二是电动机的转子必须是闭合导体。

4)旋转磁场的方向

旋转磁场的方向是由三相绕组中电流的相序决定的,若想改变旋转磁场的方向,只要改变通入定子绕组的电流相序,即将三根电源线中的任意两根对调即可。这时,转子的旋转方向也跟着改变。

在实验中,可尝试任意调换两相电源,观察转子运动的方向有何不同。

3. 三相异步电动机的极数与转速

1)极数(磁极对数 p)

三相异步电动机的极数就是旋转磁场的极数。旋转磁场的极数和三相绕组的安排有关。

当每相绕组只有一个线圈，绕组的始端之间相差120°空间角时，产生的旋转磁场具有一对极，即 $p=1$；

当每相绕组为两个线圈串联，绕组的始端之间相差60°空间角时，产生的旋转磁场具有两对极，即 $p=2$；

同理，如果要产生三对极，即 $p=3$ 的旋转磁场，则每相绕组必须有均匀安排在空间串联的三个线圈，绕组的始端之间相差40°($=120°/p$)空间角。极数 p 与绕组的始端之间的空间角关系为：

$$\theta = \frac{120°}{p} \qquad (2-2)$$

（1）同步转速 n_1。

三相异步电动机旋转磁场的转速 n_1 与电动机磁极对数 p 有关，它们的关系是公式（2-1）。

由式（2-1）可知，旋转磁场的转速 n_1 取决于电流频率 f_1 和磁场的极数 p。对某台异步电动机而言，f_1 和 p 通常是一定的，所以磁场转速 n_0 是个常数。

在我国，工频 $f_1 = 50$ Hz，因此对应于不同极对数 p 的旋转磁场转速 n_1，见表2-5。

表 2-5 磁极对数与同步转速对应表

p	1	2	3	4	5	6
$n_1 /(\mathrm{r \cdot min^{-1}})$	3000	1500	1000	700	600	500

（2）转差率 s。

电动机转子转动方向与磁场旋转的方向相同，但转子的转速 n 不可能达到与旋转磁场的转速 n_0 相等，否则转子与旋转磁场之间就没有相对运动，因而磁力线就不切割转子导体，转子电动势、转子电流以及转矩也就都不存在了。也就是说旋转磁场与转子之间存在转速差，因此我们把这种电动机称为异步电动机，又因为这种电动机的转动原理是建立在电磁感应基础上的，故又称为感应电动机。

旋转磁场的转速 n_1 常称为同步转速。

转差率 s——用来表示转子转速 n 与磁场转速 n_1 相差程度的物理量，即：

$$s = \frac{n_1 - n}{n_1} = \frac{\Delta n}{n_1} \qquad (2-3)$$

转差率是异步电动机的一个重要的物理量。

当旋转磁场以同步转速 n_0 开始旋转时，转子则因机械惯性尚未转动，转子的瞬间转速 $n=0$，这时转差率 $s=1$。转子转动起来之后，$n>0$，(n_1-n) 差值减小，电动机的转差率 $s<1$。如果转轴上的阻转矩加大，则转子转速 n 降低，即异步程度加大，会产生足够大的感应电动势和电流，同时产生足够大的电磁转矩，这时的转差率 s 增大。反之，s 减小。异步电动机运行时，转速与同步转速一般很接近，转差率很小。在额定工作状态下为 $0.02 \sim 0.06$。

根据式（2-3），可以得到电动机的转速常用公式：

$$n = (1 - s) n_1 \qquad (2-4)$$

[**例**]有一台三相异步电动机，其额定转速 $n = 975$ r/min，电源频率 $f = 50$ Hz，求电动机的极数和额定负载时的转差率 s。

解: 由于电动机的额定转速接近而略小于同步转速，而同步转速对应于不同的极对数有一系列固定的数值。显然，与 975 r/min 最相近的同步转速 $n_1 = 1000$ r/min，与此相应的磁极对数 $p = 3$。因此，额定负载时的转差率为:

$$s = \frac{n_1 - n}{n_1} \times 100\% = \frac{1000 - 975}{1000} \times 100\% = 2.5\%$$

4. 三相异步电动机的机械特性

根据三相异步电动机的简化等效电路计算推导可得异步电动机的机械特性方程参数，表达式为:

$$T = \frac{3p}{2\pi f_1} U_1^2 \frac{\dfrac{r'_2}{s}}{\left(r_1 + \dfrac{r'_2}{s}\right)^2 + (x_1 + x'_2)^2} \qquad (2-5)$$

式中:

U_1——外施电源电压;

f_1——电源频率;

r_1，x_1——电动机定子绕组参数;

r'_2，x'_2——电动机转子绕组参数。

机械特性是指在一定条件下，三相异步电动机的转速 n 与电磁转矩 T 之间的关系，即 $n = f(T)$。因为异步电动机的转速 n 与转差率 s 之间存在一定的关系，异步电动机的机械特性往往多用 $T = f(s)$ 的形式表示，称 $T-s$ 曲线，如图 2.18 所示。

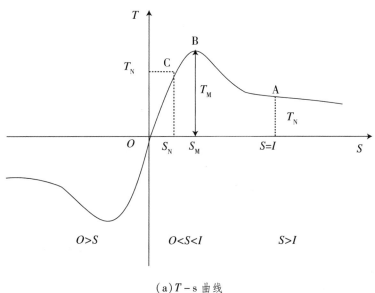

(a) $T-s$ 曲线

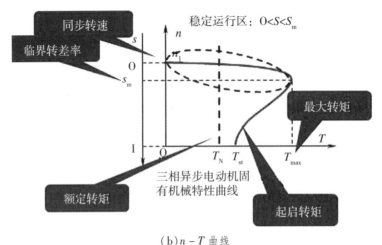

（b）n-T 曲线

图 2.18　三相异步电动机的机械特性曲线图

1）固有机械特性

（1）定义：异步电动机的固有机械特性是指，在额定电压和额定频率下按规定方式接线，定子、转子外接电阻为零时，T 与 s 的关系，即 $T=f(s)$ 曲线。

也就是说，外加额定频率的额定电压，即 $U_1 = U_N$，$f_1 = f_N = 50$ Hz，定子、转子电路不外接电阻时的机械特性。

（2）曲线形状：

①当 $0 < s < s_m$ 时，为直线。

②当 $s_m < s < 1$ 时，为曲线。

（3）对曲线上几个特殊点分析如下：

①A：起动点。电动机刚接入电网，但尚未开始转动的瞬间，轴上产生的转矩称为电动机起动转矩（又称为堵转转矩）。只有当起动转矩 T_s 大于负载转矩 T_L 时，电动机才能起动，通常起动转矩与额定电磁转矩的比值称为电动机的起动转矩倍数，用 K_T 表示，$K_T = T_s/T_N$。它表示启动转矩的大小，是异步电动的一项重要指标，对于一般的笼型电动机，起动转矩倍数 K_T 为 0.8 ~ 1.8。

这时，$n = 0$，$s = 1$，$T = T_{st}$；当 $T_{st} > T_N$ 时，电机才能起动。

图 2.19 所示为 A 点固有机械特性曲线。

②B：临界点。从式（2 - 5）可以看出，机械特性方程为一个二次方程，当 s

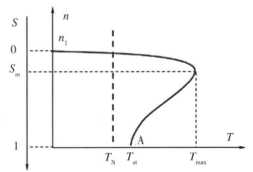

图 2.19　A 点固有机械特性曲线图

为某一数值时，电磁转矩有一最大值 T_m。由数学知识可知，令 $dt/ds = 0$，即可求得此时的转差率，用 s_m 表示，即在临界转差率下，电动机产生的最大电磁转矩 T_m。图 2 -

20 所示为 B 点固有机械特性曲线图。

$$S_m = \frac{r'_2}{\sqrt{r_1^2 + (x_1 + x'_2)^2}} \qquad (2-6)$$

最大电磁转矩和临界转差率都与定子电阻及定子、转子漏抗有关。

将式(2-6)代入式(2-5)，求得对应的电磁转矩，即最大电磁转矩值

$$T_m = \frac{3p}{4\pi f_1} U_1^2 \frac{1}{r_1 + \sqrt{r_1^2 + (x_1 + x'_2)^2}} \qquad (2-7)$$

当电源频率及电动机的参数不变时，最大电磁转矩与定子绕组电压的平方成正比。

最大电磁转矩和转子回路电阻无关，而临界转差率与其成正比，所以调节转子回路电阻，可使最大转矩在任意 s 时出现。

将产生最大电磁转矩 T_m 所对应的转差率 S_m 称为临界转差率。一般电动机的临界转差率 S_m 为 0.1 ~ 0.2。在 S_m 下，电动机会产生最大电磁转矩 T_m。

电动机应工作在不超过额定负载的情况下。但在实际运行中，负载免不了会发生波动，因此会出现短时间内超过额定负载转矩的情况。如果最大电磁转矩大于波动时的峰值，电动机还能带动负载，否则不行。最大转矩 T_m 与额定转矩 T_N 之比为过载能力 λ，它也是异步电动机的一个重要指标，一般 $\lambda = T_m / T_N = 1.6 ~ 2.2$。

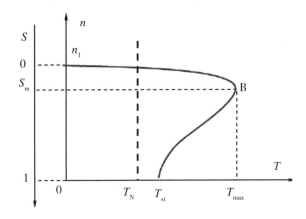

图 2.20　B 点固有机械特性曲线图

③O：同步点。仅存在于理想电动机中，$n = n_1$ 电机转速达到同步速，$S = 0$，$T = 0$。图 2.21 所示为 0 点固有机械特性曲线。

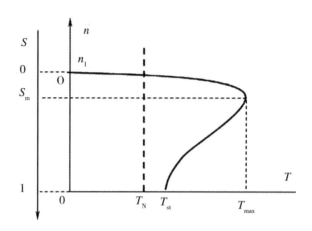

图 2.21　O 点固有机械特性曲线图

④C：额定点。异步电动机稳定运行区域为 $0 < s < s_m$。为了使电动机能够适应在短时间过载而不停转，电动机必须留有一定的过载能力，额定运行点不宜靠近临界点，一般 $s_N = 0.02 \sim 0.06$。图 2.22 所示为 C 点固有机械特性曲线图。

异步电动机额定电磁转矩 T 等于空载转矩 T_0 加上额定负载转矩 T_N，即 $T = T_0 + T_N$，此时电机处于稳定运行状态；当 $T < T_0 + T_N$ 时，电动机减速；当 $T > T_0 + T_N$ 时，电动机加速。

因空载转矩比较小，有时认为稳定运行时，额定电磁转矩就等于额定负载转矩。额定负载转矩可从铭牌数据中求得，即

$$T_N = 9550 \frac{P_N}{n_N}$$

式中：

T_N——额定负载转矩，N·m；

P_N——额定功率，kW；

n_N——额定转速，r/min。

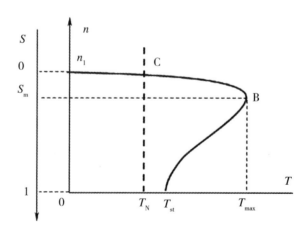

图 2.22　C 点固有机械特性曲线图

2）人为机械特性

人为机械特性就是人为地改变电源参数（如电源电压）或电动机参数（如转子回路串接电阻）而得到的机械特性。三相异步电动机的人为机械特性主要有以下两种。

（1）降低定子电压的人为机械特性。

当定子电压 U_1 降低时，电磁转矩与 U_2 成正比地降低，则最大电磁转矩 T_m 与起动转矩 T_s 都随电压的平方降低。同步点不变，临界转差率与电压无关，即 S_m 也保持不变。其特性曲线如图 2.23 所示。

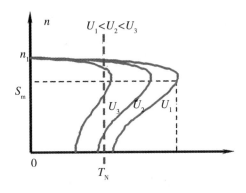

图 2.23　降低电源电压时的机械特性曲线

（2）转子串电阻的人为机械特性。

此法适用于绕线式异步电动机。在转子回路内串入三相对称电阻时，同步点不变。S_m 与转子电阻成正比变化，而最大电磁转矩 T_m 因与转子电阻无关而不变，其机械特性如图 2.24 所示。

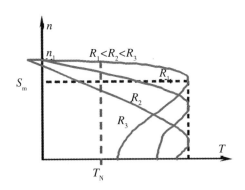

图 2.24　转子电路串电阻时的人为机械特性曲 a 线

四、实验内容及要求

（1）认真观察演示实验，从根本上了解其基本原理。

（2）认真学习磁场的产生，为后面进一步学习打下牢固基础。

（3）不能私自拆卸实验器材，以免造成不必要的损失。

(4)在观察现象时逐一传看，切莫争抢打闹。

(5)实验人员之间应分工明确，在实验室内不要大声说话。

(6)在实验结束后整理好实验台，保持实验台整洁。

五、思考题

(1)当给出 s 与 p 时，我们能否求出 n 与 n_1？

(2)一台三相异步电动机，额定功率 $P_N = 50$ kW，电网频率为 $f_N = 50$ Hz，额定电压 $U_N = 380$ V，额定效率 $\eta_N = 0.8$，额定功率因数 $\cos\varphi_N = 0.9$，额定转速 $n_N = 720$ r/min，试求：

①同步转速 n_1；

②磁极对数 p；

③额定电流 I_N；

④额定转差率 s_N。

六、实验报告要求

(1)根据要求整理实验内容及现象。

(2)标明实验电路所用的器件型号。

(3)记录实验中发现的问题、错误、故障及解决方法。

任务 3　三相异步电动机的空载实验

一、实验目的

(1)掌握异步电动机的空载实验方法及测试技术。

(2)通过空载实验数据求取异步电动机的铁耗。

(3)通过空载实验数据求取异步电动机的各参数。

二、实验仪器

实验仪器如表 2-6 所示。

表 2-6　实验仪器

序号	使用设备名称	数量
1	功率表	2
2	电压表	3
3	电流表	3
4	三相异步电动机	1
5	万用表	1
6	调压器	1
7	电工工具及导线	若干

56 ·

三、知识学习及操作步骤

（1）测量接线图如图 2.25 所示，电机绕组为 Δ 接法（$U_N = 220$ V）。

（2）把交流调压器调至电压最小位置，接通电源，逐渐升高电压，使电动机起动旋转，观察电动机旋转方向，并使电动机旋转方向符合要求（如转向不符合要求需调整相序时，必须切断电源）。

（3）保持电动机在额定电压下空载运行数分钟，使机械损耗达到稳定后再进行实验。

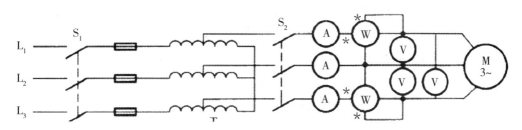

图 2.25 三相异步电动机的空载实验原理图

（4）调节电压。由 1.2 倍额定电压开始逐渐降低电压，直至电流或功率显著增大为止。在这范围内读取空载电压、空载电流、空载功率。

（5）在测取空载实验数据时，在额定电压附近多测几点，取数据 7~9 组记录于表 2-7 中。

表 2-7 三相异步电动机短路实验

序号	U_{0L}/V				I_{0L}/A				P_0/W			$\cos\varphi_0$
	U_{AB}	U_{BC}	U_{CA}	U_{0L}	I_A	I_B	I_C	I_{0L}	P_I	P	P_0	
1												
2												
3												
4												
5												
6												
7												
8												
9												

注意：

1. 电源波形畸变不可超过 5%；

2. 各仪表指示值要同时读出，防止读数误差；

3. 高压电动机可用低压电源做空载试验。

四、实验内容及要求

（1）检查各电器元件及仪表的质量情况，了解其使用方法。

（2）用万用表检查所连线路是否正确，自行检查无误后，经指导教师检查认可后合闸通电，进行试验。

五、思考题

（1）空载运行状况。

（2）空载运行时的 $\cos\varphi_0$、I_0、P_0。

（3）为什么在做空载实验时，瓦特表要选用低功率因数表？

（4）在做空载实验时，测得的功率主要有什么损耗？

六、实验报告要求

（1）作出空载特性曲线：I_{0L}、P_0、$\cos\varphi_0 = f(U_{0L})$

（2）由空载试验数据求激磁回路参数

$$U_{0\phi} = U_{0L}, \quad I_{0\phi} = \frac{I_{0L}}{\sqrt{3}}$$

空载阻抗：

$$Z_0 = \frac{U_{M\phi}}{I_{0\phi}} = \frac{\sqrt{3}\,U_{0L}}{I_{0L}}$$

空载电阻：

$$r_0 = \frac{P_0}{3I_{0\phi}^2} = \frac{P_0}{I_{0L}^2}$$

空载电抗：

$$X_0 = \sqrt{Z_0^2 - r_0^2}$$

式中，P_0 为电动机空载时的相电压、相电流、三相空载功率（△接法）。

励磁电抗：

$$X_{\mathrm{m}} = X_0 - X_{1\sigma}$$

磁电阻励：

$$r_{\mathrm{m}} = \frac{P_{\mathrm{Fe}}}{3I_{0\varphi}^2} = \frac{P_{\mathrm{Fe}}}{I_{0L}^2}$$

式中，P_{Fe}——额定电压时的铁耗，由图 2.26 确定。

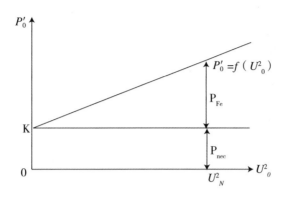

图 2.26　电机中铁耗和机械耗

任务4　三相异步电动机的短路实验

一、实验目的

(1)掌握三相异步电动机短路实验。

(2)测定三相异步电动机的参数。

二、实验仪器

实验仪器如表 2 – 8 所示。

表 2 – 8　实验仪器

序号	使用设备名称	数量
1	功率表	2
2	电压表	3
3	电流表	3
4	三相异步电动机	1
5	万用表	1
6	调压器	1
7	电工工具及导线	若干

三、知识学习及操作步骤

(1)测量接线图如图 2.27 所示。用手握住电动机转子,使电动机不旋转。

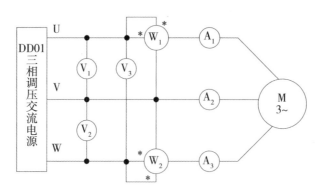

图 2.27 三相异步电动机空载实验接线图

（2）将调压器退至零，按下控制屏上的起动按钮，接通交流电源。调节控制屏左侧调压器旋钮，使之逐渐升压至短路电流达到 $1.2 I_\mathrm{N}$（0.6 A），再逐渐降压至 $0.3 I_\mathrm{N}$（0.36 A）为止。

（3）在这范围内读取短路电压、短路电流、短路功率。

（4）取数据 5~6 组记录于表 2-9 中。

（5）测量完后，把调压器推到零，再松开握电动机的手。

表 2-9 三相异步电动机短路实验

序号	U_{KL} /V				I_{KL} /A				P_K /W			$\cos\varphi_K$
	U_{AB}	U_{BC}	U_{CA}	U_{KL}	I_A	I_B	I_C	I_{KL}	P_1	P_2	P_K	
1												
2												
3												
4												
5												
6												

表 2-9 中：$U_{KL} = \dfrac{U_{AB} + U_{BC} + U_{CA}}{3}$，$I_{KL} = \dfrac{I_A + I_B + I_C}{3}$，$P_K = P_1 + P_2$，$\cos\varphi_K = \dfrac{P_K}{\sqrt{3} U_{KL} I_{KL}}$。

四、实验内容及要求

（1）检查各电器元件及仪表的质量情况，了解其使用方法。

（2）用万用表检查所连线路是否正确，自行检查无误后，经指导教师检查认可后合闸通电，进行试验。

五、思考题

（1）在用短路实验数据求取异步电动机的等效电路参数时，有哪些因素会引起误差?

（2）从短路实验数据我们可以得出哪些结论?

六、实验报告要求

（1）作出短路特性曲线：I_{KL}、$P_K = f(U_{KL})$。

（2）由短路实验数据求异步电机的等效短路参数。

短路阻抗：

$$Z_K = \frac{U_{K\varphi}}{I_{K\varphi}} = \frac{\sqrt{3}U_{KL}}{I_{KL}}$$

短路电阻：

$$r_K = \frac{P_K}{3I_{K\varphi}^2} = \frac{P_K}{I_{KL}^2}$$

短路电抗：

$$X_K = \sqrt{Z_K^2 - r_K^2}$$

式中，$U_{K\varphi} = U_{KL}$，$I_{K\varphi} = \frac{I_{KL}}{\sqrt{3}}$，$P_K$ 为电动机堵转时的相电压、相电流、三相短路功率（△接法）。

任务5 钳形电流表和转速表在三相异步电动机中的应用

一、实验目的

了解钳形电流表和转速表在三相异步电动机中的使用方法。

二、实验仪器

实验仪器如表 2 – 10 所示。

表 2 – 10 实验仪器

序号	使用设备名称	数量
1	钳形电流表	1
2	转速表	1
3	三相异步电动机	1
4	电工工具及导线	若干

三、知识学习及操作步骤

1. 钳形电流表

钳形电流表简称钳形表，主要由电流互感器和电流表组成。电流互感器的铁芯设有活动开口，俗称钳口。搬动扳手，开启开口，嵌入被测载流导线，被测载流导线就成了电流互感器的一次绕组，互感器的二次绕组绕在铁芯上，并与电流表串联。当被测导线中有电流时，通过互感作用，二次绕组产生的感生电流流过电流表，使指针偏转，在标度尺上指示出被测导线的电流值。图 2 - 28 所示为钳形电流表实物图。

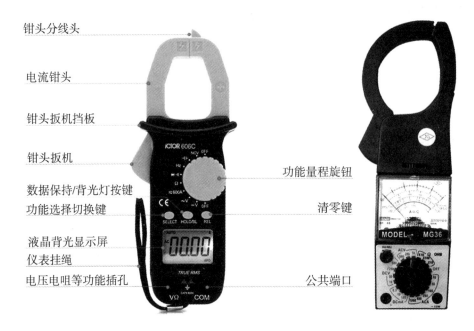

（a）数字式钳形电流表　　　　　　　（b）指针式钳形电流表

图 2.28　钳形电流表实物图

在使用钳形电流表测量电流时，无需剪断电线，便可直接测量电流。而在一般电表测量电流时，则需把电线剪断并把电表连接到被测电路中。所以钳形电流表测量电流最大的益处就是可以测量大电流而不需关闭被测电路。

1）测量方法

（1）指针式钳形电流表测量前需要机械调零。

（2）选择合适的量程，先选大量程，后选小量程或看铭牌值估算。

（3）当使用最小量程测量，其读数还不明显时，可将被测导线绕几匝，匝数要以钳口中央的匝数为准，则读数 $= \dfrac{\text{指示值} \times \text{量程} \div \text{满偏值}}{\text{匝数}}$。

（4）测量完毕，要将转换开关放在最大量程处。

（5）测量时，应使被测导线处在钳口的中央，并使钳口闭合紧密，以减少误差。

2）使用时的注意事项

（1）进行电流测量时，被测载流体的位置应放在钳口中央，以免产生误差。

（2）为了使读数准确，应保持钳口干净无损，如有污垢时，应用汽油擦洗干净后再进行测量。

（3）在测量 5 A 以下的电流时，为了测量准确，应多绕几匝再进行测量。

（4）钳形电流表不能测量裸导线电流，以防触电和短路。在使用前检查被测三相导线是否绝缘。

2. 转速表

转速表是机械行业必备的仪器之一，用来测定电动机的转速、线速度或频率。常用于电机、电扇、造纸、塑料、化纤、洗衣机、汽车、飞机、轮船等制造业。大多数用的是手持离心式转速表。

1）转速表的种类

转速表经过多年的发展已经形成了多个种类。转速表按照工作原理和工作方式不同，可以分为离心式转速表、磁性转速表、电动式转速表、磁电式转速表、闪光式转速表和电子式转速表等几个种类。

（1）离心式转速表。

离心式转速表是以离心力和拉力的平衡为原理来测量电动机转速的。离心式转速表的测量精度较低，一般在 1～2 级，但易于安装、便于使用。离心式转速表的优点是测量直观、读数方便、运行稳定、可靠性好，缺点则是结构复杂。

（2）磁性转速表。

磁性转速表是以旋转磁场为原理来测量电机转速的一类转速表。磁性转速表在测量转速时，会根据转速产生的旋转力大小，与游丝力进行平衡，以指示转速值。磁性转速表的结构简单、使用方便，多用于摩托车和汽车等设备的转速测量。

（3）电动式转速表。

电动式转速表的测量方式，是将小型交流电动机的转速与被测轴的转速保持一致，而磁性转速头又和小型交流电同轴转动，这样磁性转速头所指示的转速就是被测轴的转速。电动式转速表适用于异地安装，有良好的抗震性，多用于柴油机和船舶等设备的转速测量。

（4）磁电式转速表。

磁电式转速表是利用磁阻元件完成转速测量的一种转速表。磁电式转速表的工作原理是磁阻的阻抗值随磁场的强弱而变化，当被测轴的齿轮接近磁电式转速表时，齿轮的齿顶与齿谷会令磁场发生变化，这样磁电式转速表就能通过对电阻变化的测量来反应被测轴的转速。

（5）闪光式转速表。

闪光式转速表是以视觉暂留原理为依据的一种转速表。闪光式转速表的功能比普通转速表更为丰富，除了能测量往复速度以外，还能用于往复运动物体的静像观测，是机械设备运动、工作状态观测的必备仪表之一。

（6）电子式转速表。

电子式转速表的测量工作是通过数字电路和

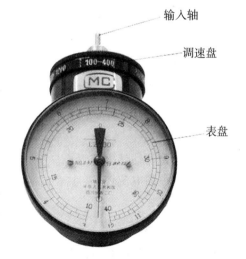

图 2.29　手持离心式转速表实物图

输入轴

调速盘

表盘

电磁式线圈作用来完成的。电子式转速表所接受的信号为数字脉冲信号，在数/模转换电路的转换下，通过数字脉冲信号变成电压信号来控制线圈电流，从而完成指示指针的变化。

在此以手持离心式转速表（图 2.29）为例进行介绍。

2）手持离心式转速表的工作原理

当离心器旋转时，由于重锤随着旋转所产生的离心力通过连杆使活动套环向上移动并压缩弹簧。当转速一定时，活动套环向上的作用力与弹簧的反作用力相平衡，套环将停在相应位置上。同时，活动套环的移动通过传动机的扇形齿轮传递给指针，在表盘上指示出被测转速的大小。显然，转速表指针的偏转与被测轴旋转方向无关。

由于离心力 $F = mr\omega^2$，即离心力与旋转角速度的平方成正比，因而离心式转速表的刻度盘是不等分度的。为减小表盘分度的不均匀性，可恰当选取转速表的各种参量及测量范围，充分利用其特性的线性部分，达到使表盘分度尽量均匀的目的。

便携式转速表通常利用变速器来改变转速表的量程。如 LZ-30 型离心式转速表就具有下列 5 个量程（r/min）：30～120，100～400，300～1200，1000～4000，3000～12000。在这种转速表的表盘上通常标有两列刻度，如分度盘的外围标有 3～12，内圈标有 10～40，它分别适用于两组量程。

3）手持离心式转速表的使用方法

（1）转速表在使用前应加润滑油（钟表油），可从外壳和调速盘上的油孔注入。

（2）为适应不同的旋转轴，离心式转速表都配有不同的触头，使用时可进行选择。

（3）合理选择调速盘的挡位，不能用低速挡去测量高转速。若不知被测转速的大致范围，可先用高速挡测出大概数值，然后再用相应挡位进行测量。

（4）转速表轴与被测转轴接触时，应使两轴心对准，动作要缓慢，以两轴接触时不产生相对滑动为准。同时尽量使两轴保持在一条直线上。

（5）若调速盘的位置在 Ⅰ、Ⅲ、Ⅴ 挡，测得的转速应为分度盘外圈数值再分别乘以10、100、1000；若调速盘的位置在 Ⅱ、Ⅳ 挡，测得的转速应为分度盘内圈数值再分别乘以10、100。

四、实验内容及要求

（1）检查各电器元件及仪表的质量情况，了解其使用方法。

（2）学会钳形电流表和转速表在三相异步电动机上的使用方法。

（3）学习设计电路，测量三相异步电动机的空载电流及空载转速。

五、思考题

（1）若无法估计电流大小，应如何选择量程开始测量？

（2）若被测电流较小（小于5 A）时，应如何进行测量？此时如何计算被测导线实际电流值？

六、实验报告要求

（1）根据实验内容填写表格 2-11。

表 2-11　实验记录表

空载电流及空载转速	I_{01}	I_{01}	I_{01}	r_{01}	r_{01}	r_{01}
实际测量值						

（2）记录实验中发现的问题、错误、故障及解决方法。

任务6 电动机的绝缘测试

一、实验目的

（1）熟悉绝缘电阻表的正确使用方法。

（2）掌握电动机绝缘电阻的测试方法。

二、实验设备

实验设备如表2-12所示。

表2-12 实验仪器

序号	型号	名称	数量	备注
1	WDJ26	三相鼠笼式异步电动机	1台	
2	ZC25-3 500 V	绝缘电阻表	1只	
3		工具、万用表、导线	1套	

三、知识学习及操作步骤

绝缘电阻表，又称兆欧表、摇表、梅格表，用来测量最大电阻值、绝缘电阻、吸收比以及极化指数的专用仪表，它的标度单位是兆欧，它本身带有高压电源。绝缘电阻表主要是由三部分组成：第一部分是直流高压发生器，用以产生直流高压；第二部分是测量回路；第三部分是显示。电器产品的绝缘性能是评价其绝缘好坏的重要标志之一，可以通过绝缘电阻反映出来。

图2.30所示为绝缘电阻表的实务图。

（1）实验前先检查安全措施，被试品及一切对外连线应拆除。被试品应进行接地放电，大容量设备至少放电5 min。勿用手直接触电导线。

（2）根据潮湿情况决定是否采取表面屏蔽或烘干，清擦干净表面脏污，以消除表面脏污对绝缘电阻的影响。

图2.30 绝缘电阻表实物图

（3）放稳绝缘电阻表，检测绝缘电阻表是否指示"0"或"∞"。短接"L""E"端子时应是瞬间、低速，以免损坏绝缘电阻表。

（4）测量绕组绝缘电阻时，应依次测量各绕组对地和对其他绕组间的绝缘电阻值。在测量时，被测绕组各引线端均应短接在一起，其余非被测绕组皆短路接地。

（5）将被试品测量部分接于"L"与"E"端子之间，"L"端子接测量绕组部分，"E"端子接其他绕组或外壳接地部分。驱动（摇）绝缘电阻表达到额定转速（120 r/min），读取1 min时的绝缘电阻值。

（6）测量吸收比时，先驱动（摇）绝缘电阻表达到额定转速，待指示为"∞"时，用绝缘工具将"L"端子接于被试品，同时开始计算时间，读取15 s和60 s时的绝缘电阻值。读数后先断开"L"端子与被试品之间的连线，再停止摇动，防止反充电损坏绝缘电阻表。

（7）实验完毕或重复实验时，必须将被试品对地或两极间充分放电，以保证人身、仪器安全和提高测量准确度。

（8）记录被试品的绝缘电阻值。

四、实验内容及要求

（1）检查各电器元件及仪表的质量情况，了解其使用方法。
（2）学会摇表在三相异步电动机中的使用方法。

五、思考题

简述电机绝缘测试过程的注意事项。

任务7　电动机的首末端判别

一、实验目的

（1）掌握万用表的使用方法。
（2）掌握三相绕组首末端的判别方法。

二、实验设备

实验设备如表2-13所示。

表2-13　实验仪器

序号	型号	名称	数量	备注
1	WDJ26	三相鼠笼式异步电动机	1台	
2	QPC2	变压器	1只	
3		工具、万用表、导线	1套	

三、实验内容与操作步骤

1. 目的

在嵌线与接线过程中，有时会因工作疏忽或不够熟练，难免会出现绕组嵌线与接线的错误。这样，电动机的磁动势和电抗会发生不平衡，从而引起电动机的剧烈振动，多产生噪音。同时，还会引起绕组过热、转矩太小或电动机无法起动等，严重时，甚至会烧坏电动机。

2. 判别方法

1）用 36 V 交流电源和灯泡判别首尾端

判别时的接线方式如图 2.31 所示，判别步骤如下：

（1）用摇表和万用表的电阻挡分别找出三相绕组的各相两个线头。

（2）先将三相绕组的线头分别任意编号为 U_1 和 U_2、V_1 和 V_2、W_1 和 W_2。并把 V_1、U_2 连接起来，构成两相绕组串联。

（3）U_1、V_2 线头上连接一只灯泡。

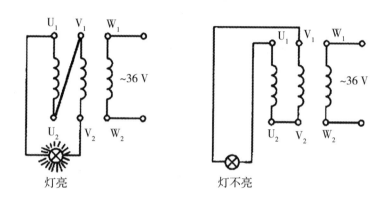

图 2.31　用 36 V 交流电源和灯泡判别首尾端

（4）W_1、W_2 两个线头上接通 36 V 交流电源，如果灯泡发亮，说明线头 U_1、U_2 和 V_1、V_2 的编号正确。如果灯泡不亮，则把 U_1、U_2 或 V_1、V_2 中任意两个线头及其编号对调即可。

（5）再按上述方法对 W_1、W_2 两线头进行判别。

2）用万用表或微安表判别首尾端

方法一：

（1）先用摇表或万用表的电阻挡分别找出三相绕组各相的两个线头。

（2）假设各相绕组编号为 U_1 和 U_2、V_1 和 V_2、W_1 和 W_2。

（3）按图 2.32 所示方法接线。用手转动电动机转子，如万用表（微安挡）指针不动，则证明假设的编号是正确的；若指针有偏转，说明其中有一相首尾端假设编号不对。逐相对调重测，直至正确。

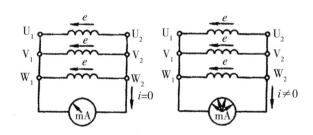

图 2.32　用万用表判别首尾端方法一

方法二:

(1)先分清三相绕组各相的两个线头,并将各相绕组端子假设为 U_1 和 U_2、V_1 和 V_2、W_1 和 W_2,如图 2.33 所示。

(2)观察万用表(微安挡)指针摆动的方向。合上开关的瞬间,若指针摆向大于零的一边,则连接电池正极的线头与万用表负极所接的线头同为首端或尾端;如指针反向摆动,则连接电池正极的线头与万用表正极所接的线头同为首端或尾端。

(3)再将电池和开关连接到另一相的两个线头进行测试,就可以正确判别各相的首尾端。图 2.33 中的开关可以用按钮代替。

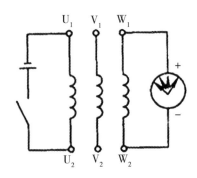

图 2.33　用万用表判别首尾端方法二

3. 注意事项

(1)绕组首尾端判定准确后应及时做好标记。

(2)用万用表判断电动机的首尾端的前提条件是,电动机的转子铁芯中必须有剩磁存在。

四、实验内容及要求

(1)检查各电器元件及仪表的质量情况,了解其使用方法。

(2)学会判别三相异步电动机绕组首尾端的方法。

五、思考题

分析每种判定电动机三相绕组首末端方法的原理,请写出详细原理。

项目三　电动机单台单向控制

任务 1　低压电器的基本认识
任务 2　电动机的点动控制
任务 3　电动机的长动控制
任务 4　三相异步电动机的点动与长动控制
任务 5　电动机多地控制线路

任务 1　低压电器的基本认识

一、实验目的

（1）了解相关低压电器的结构、功能及图形符号。

（2）了解用来接通或断开电路以及用来控制、调节和保护用电设备的电气器具。

二、实验仪器

实验仪器如表 3 – 1 所示。

表 3 – 1　实验仪器

序号	使用设备名称	数量
1	按钮	1
2	万能开关	1
3	行程开关	1
4	刀开关	1
5	组合开关	1
6	熔断器	1
7	热继电器	1
8	低压断路器	1
9	接触器	1
10	中间继电器	1
11	电流继电器	1
12	电压继电器	1
13	时间继电器	1

三、知识学习及操作步骤

1. 电器的分类

（1）高压电器。用于交流电压 1200 V、直流 1500 V 及以上电路中的电器，如高压断路器、高压隔离开关、高压熔断器等。

（2）低压电器。用于交流 50 Hz（或 60 Hz）额定电压为 1200 V 以下、直流额定电压为 1500 V 及以下的电路中的电器，如接触器、继电器等。

2. 低压电器的分类

（1）按电器的动作性质分：手动电器和自动电器。

（2）按电器的性能和用途分：控制电器和保护电器。

（3）按有无触点分：有触点电器和无触点电器。

（4）按工作原理分：电磁式电器和非电量控制电器。

3. 继电器的分类

（1）按信号：可分为电流继电器、电压继电器、速度继电器、压力继电器、热继电器等。

（2）按动作时间：可分为瞬时动作继电器和延时动作继电器。

（3）按作用原理：可分为电磁式继电器、感应式继电器、电动式继电器、电子式继电器和机械式继电器。

常用的继电器有电流继电器、电压继电器、中间继电器、热继电器、时间继电器。

4. 低压电器的介绍

1）主令电器

主要用来切换控制线路。最常见的主令电器有按钮、万能开关、行程开关。

（1）按钮。

按钮是一种结构简单、短时接通或断开小电流电路的手动电器，常用于控制电路中发出起动或停止等命令，控制接触器、继电器等电器的线圈通电或断电，以此来接通或断开主电路。

按钮结构图如图3.1所示。它的结构主要由按钮帽、复位弹簧、桥式动静触头和外壳等组成。

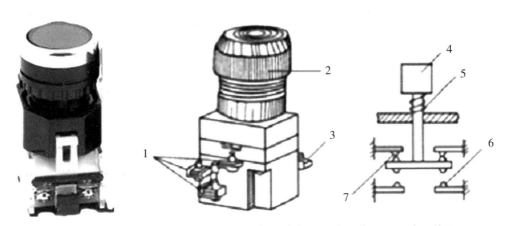

1、3—触头接线柱；2、4—按钮帽；5—复位弹簧；6—常开触头；7—常闭触头

图3.1 按钮外形及结构图

按钮的选择原则如下：

①根据使用的场合不同，选择合适的控制按钮，如开启式、防水式、防腐式等。

②根据使用的用途不同，选用合适的按钮形式，如钥匙式、紧急式、带灯式等。

③根据控制电路的要求，确定所用按钮的数量，如单钮、双钮、三钮、多钮等。

④根据设备工作状态指示和工作情况的要求，选择按钮的颜色和指示灯的颜色。

（2）万能转换开关。

万能转换开关是对电路实现多种转换的主令电器，是由多组结构相同的触头组件叠装而成的具有多挡位、多回路的控制电器。万能转换开关主要用作各种电气控制线路和电气测量仪表的转换开关，或小容量电动机的起动、制动、调速和换向的控制，以及配电设备的远距离控制开关。万能转换开关的实物图及内部接线图如图 3.2 所示。

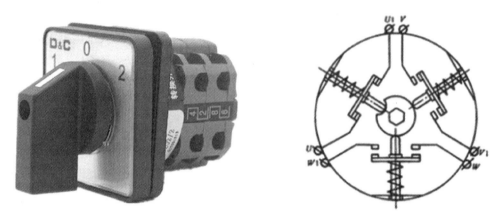

图 3.2　万能转换开关实物图及内部接线图

（3）行程开关。

行程开关也称为限位开关，它是一种根据生产机械运动部件的行程（或位置）而切换电路的电器，常用于生产机械设备的行程控制及限位保护。

行程开关的实物图及图形符号如图 3.3 所示。

图 3.3　行程开关的实物图及图形符号

（2）刀开关。

用于隔离电源，不频繁通断的电路。

分类：

①按刀的级数：分为单极、双极和三极。

②按灭弧装置：分为带灭弧装置和不带灭弧装置。

③按刀的转换方向：分为单掷和双掷。

④按接线方式：分为板前接线和板后接线。

⑤按操作方式：分为手柄操作和远距离联杆操作。

⑥按有无熔断器：分为带熔断器（图3.4）和不带熔断器（图3.5）。

开关结构示意图如图3.4所示。

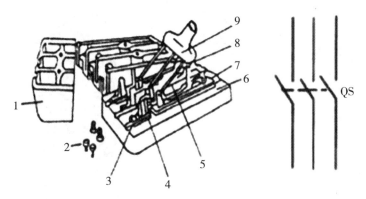

1—胶盖；2—胶盖紧固螺丝；3—进线座；4—静触点；5—熔丝；6—瓷底；7—出线座；
8—动触点；9—瓷柄

图3.4　开关结构示意图

 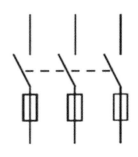

图3.5　刀开关（带熔断器）的实物图及图形符号

 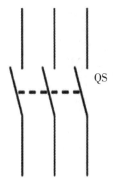

图3.6　刀开关（不带熔断器）的实物图及图形符号

2)组合开关

作用：电源的引入开关；通断小电流电路(控制电路)；控制 5 kW 以下电动机电源开关。图 3.7 所示为组合开关实物图及图形符号。

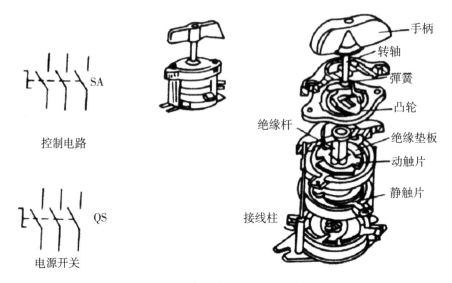

图 3.7　组合开关实物图及图形符号

3)熔断器

作用：短路和严重过载保护(监视电流)。

分类：瓷插式(RC)、螺旋式(RL)、有填料式(RT)、无填料密封式(RM)、快速熔断器(RS)及自恢复熔断器。

图 3.8 所示为熔断器的实物图及图形符号。

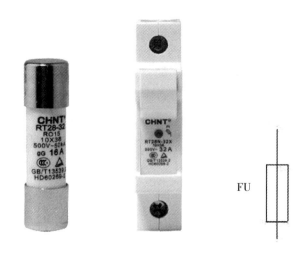

图 3.8　熔断器的实物图及图形符号

4）热继电器

图3.9所示为热继电器结构示意图，图3.10所示为热继电路的图形符号。

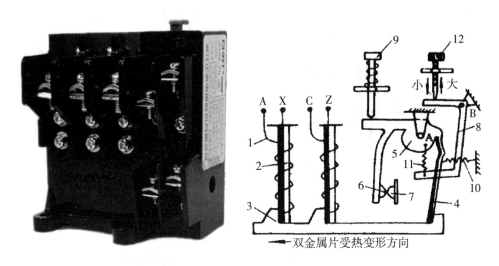

图3.9　热继电器结构示意图

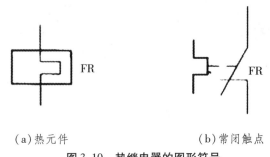

（a）热元件　　　　　　　　　（b）常闭触点

图3.10　热继电器的图形符号

5）低压断路器

作用：在电路过载、过电流、短路、断相、漏电过载及失压时自动分断电路。

图3.11所示为塑壳式低压断路器实物图及原理图，图3.12所示为低压断路器实物图。

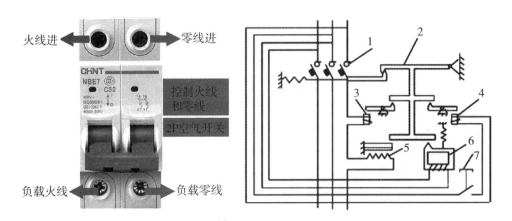

1—主触头 2—自由脱扣器 3—过电流脱扣器 4—分励脱扣器 5—热脱扣器
6—失压脱扣器 7—按钮

图 3.11   塑壳式低压断路器实物图及原理图

图 3.12   低压断路器实物图

6)接触器

作用：用来频繁接通和断开交、直流主电路及大容量控制电路的自动切换电器。

分类：交流接触器、直流接触器。

接触器的图形符号、结构图及实物图分别如图 3.13 ~ 图 3.15 所示。

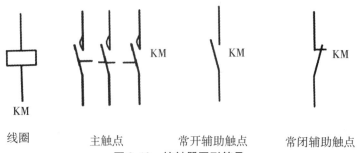

线圈   主触点   常开辅助触点   常闭辅助触点

图 3.13   接触器图形符号

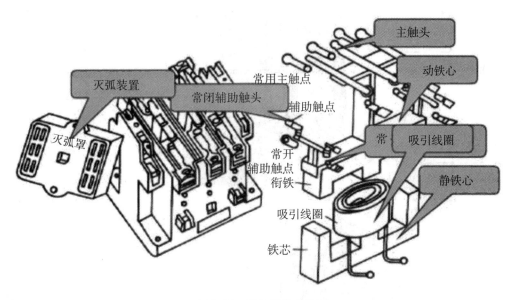

图 3.14 接触器的结构图

图 3.15 接触器实物图

7)中间继电器

中间继电器的本质是电压继电器。

特点:触头多,能通过较大电流,动作灵敏。

用途:用作中间传递信号或用作同时控制多条线路。

图 3.16 所示为中间继电路实物图、结构图及图形符号。

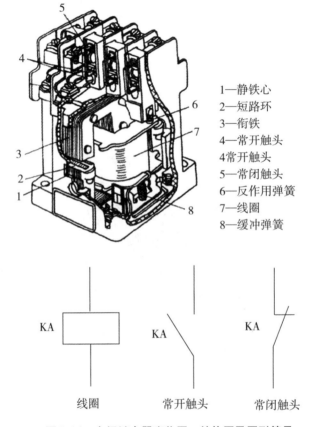

1—静铁心
2—短路环
3—衔铁
4—常开触头
4常开触头
5—常闭触头
6—反作用弹簧
7—线圈
8—缓冲弹簧

图 3.16　中间继电器实物图、结构图及图形符号

8）电流继电器

电流继电器是根据电流信号动作的，包括欠电流继电器和过电流继电器。图 3.17 所示为电流继电器图形符号。

特点：线圈匝数少、线径较粗，能通过较大电流。

用途：欠电流继电器用在直流并励电动机的励磁线圈中，可防止转速过高或电枢电流过大；过电流继电器串接在电枢电路中，可防止电动机短路或过大的电枢电流。

DL-20c 系列电流继电器用于反映发电机、变压器及输电线路短路和过负荷的继电保护装置中。

DL-20c 系列电流继电器是瞬时动作的电磁式继电器，当电磁铁线圈中通过的电流达到或超过整定值时，衔铁克服反作用力矩而动作，且保持在动作状态。

过电流继电器正常工作时衔铁不吸合，当电流升高至整定值（或大于整定值）时，继电器立即动作，其常开触点闭合，常闭触点断开。

欠电流继电器正常工作时衔铁是吸合的，当电流降低至整定值（或小于整定值）时，继电器立即释放，其常开触点、恢复断开，常闭触点恢复闭合。

继电器的铭牌刻度值是按电流继电器两线圈串联、电压继电器两线圈并联时标注的指示值，等于整定值；若上述二继电器两线圈分别作并联和串联时，则整定值为指示值的 2 倍。转动刻度盘上指针，以改变游丝的作用力矩，从而改变继电器的整定值。

图 3.18、图 3.19 分别为 DL-23c/6 系列继电器及其内部接线图。DL-23c/6 系列电流继电器整定值为 1.5~6A，但需要注意的是，电磁型继电器在出厂时，以中间刻度为准进行校准，所以越靠近中间刻度越准确，越远离中间刻度误差越大，应尽量使用中间刻度。

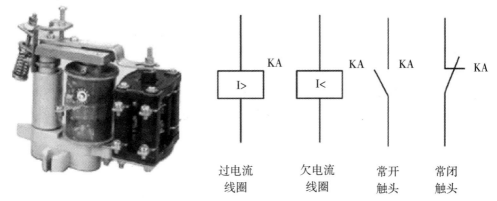

| 过电流线圈 | 欠电流线圈 | 常开触头 | 常闭触头 |

图 3.17 电流继电器图形符号

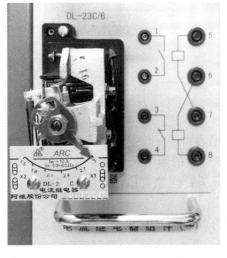

图 3.18 DL-23c/6 系列继电器

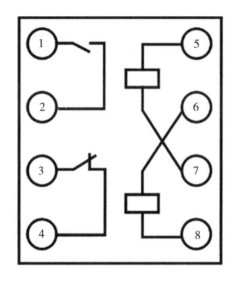

图 3.19　DL -23c/6 电流继电器内部接线图

9)电压继电器

电压继电器是根据电压信号动作的,包括欠电压继电器和过电压继电器。图 3.20 所示为继电压、贝电压继电器图形符号。

特点是:线圈匝数多、线径较细。

用途:欠电压继电器用作电路欠压保护,过压继电器用作电路过压保护。

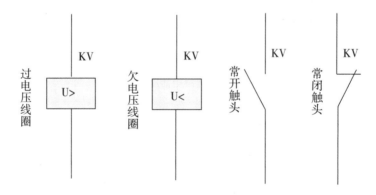

图 3.20　过电压、欠电压继电器图形符号

DY -20c 系列电压继电器用于反映发电机、变压器及输电线路的电压升高(过电压保护)或电压降低(低电压起动)的继电保护装置中。

过电压继电器:当电压升高至整定值(或大于整定值)时,继电器立即动作,其常开触点闭合,常闭触点断开。

低电压继电器:当电压降低至整定值时,继电器立即动作,常开触点断开,常闭触点闭合。

DY -28c/160 系列继电器的实物图及内部接线图如图 3.21 所示。

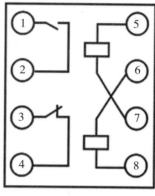

图 3.21　DY–28c/160 电压继电器实物图及内部接线图

10）时间继电器

时间继电器是一种利用电磁原理或机械动作原理来延迟触头闭合或分断的自动控制电器。按其工作原理的不同，时间继电器可分为空气阻尼式时间继电器、电动式时间继电器、电磁式时间继电器、电子式时间继电器等。图 3.22 所示为时间继电器实物图及图形符号。

（a）空气式　　　　　　（b）电子式

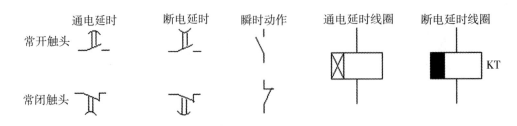

图 3.22　时间继电器实物图及图形符号

DS – 20 系列时间继电器用于各种继电保护和自动控制线路中,使被控制元件按时限控制原则进行动作。

DS – 20 系列时间继电器是带有延时机构的吸入式电磁继电器,其中 DS – 21 ~ 24 是内附热稳定限流电阻型时间继电器(线圈适于短时间工作),DS – 21/c ~ 24/c 是外附热稳定限流电阻型时间继电器(线圈适于长时间工作)。DS – 25 ~ 28 是交流时间继电器。

当加电压于线圈两端时,衔铁克服塔形弹簧的反作用力被吸入,瞬时常开触点闭合,常闭触点断开。同时延时机构开始起动,先闭合滑动常开主触点,再延时后闭合终止常开主触点,从而得到所需延时。当线圈断电时,在塔形弹簧的作用下,使衔铁和延时机构立刻返回原位。

从电压加于线圈的瞬间起到延时闭合常开主触点为止,这段时间就是继电器的延时时间,可通过整定螺钉来移动静接点位置进行调整,并由螺钉下的指针在刻度盘上指示要设定的时限。

时间继电器外观及内部接线见图 3.23。

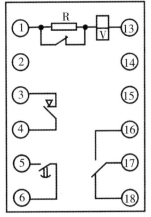

DS-21~24时间继电
器正面内部接线圈

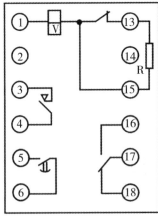

DS-21C~24C时间继电
器正面内部接线圈

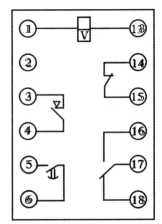

DS-25~28时间继电
器正面内部接线圈

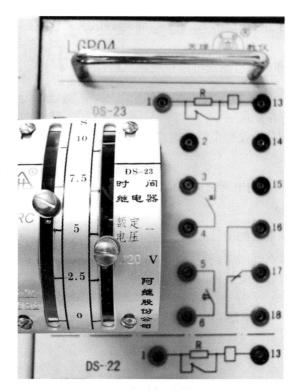

图 3.23　时间继电器外观及内部接线图

本实验台配套时间继电器有 DS－22、DS－23 型，两种时间继电器除整定最长时限 DS－22 为 0.5 s、DS－23 为 10 s 不一样外，其余特性一样。该时间继电器具有一副瞬时转换触点，一副滑动主触点和一副终止主触点。瞬时转换触点即触点 16、17 组成的动合触点，触点 17、18 组成的动断触点；滑动主触点由触点 3、4 组成，对应时间继电器中右侧整定时间，其延时整定值可以等于或小于终止主触点的整定值；终止主触点由触点 5、6 组成。

5. 低压电器的质量检测

低压电器在使用前都需要进行质量检测，目的一是检查低压电器的触头、线圈是否完好；二是经多年使用的低压电器，铭牌可能已经看不清，质量检测可以确定常开、常闭触头。

质量检测通常采用静态检测法和动态检测法相结合。步骤如下：

（1）采用万用表或欧姆表，指针式表计使用欧姆挡前需要先调零。

（2）对于交流接触器、时间继电器等，首先测量线圈阻值，一个好的线圈是有一定阻值的。记下数值有利于在后期故障排查时，检测线路接线是否正确。

（3）对于常开触点：

静态检测法：应看到测量到的阻值为无穷大；

动态检测法：按下按钮或模拟接触器、继电器吸合，应看到阻值变为零，手松开，阻值回到无穷大。

（4）对于常闭触点：

静态检测法：应看到测量到的阻值为零；

动态检测法：按下按钮或模拟接触器、继电器吸合，应看到阻值变为无穷大，手松开，阻值回到零。

结合静态检测法和动态检测法可以检测触点是否完好。

四、实验内容及要求

(1)遵守实验室规章制度。

(2)了解控制电器分类及每个控制器件的组成结构及工作原理。

五、思考题

在电路设计中各类控制电器选择的依据是什么？

六、实验报告要求

(1)标注各类控制电器的型号。

(2)记录实验中发现的问题、错误、故障及解决方法。

(3)写出各低压电器质量检测的方法及现象。

任务2　电动机的点动控制

一、实验目的

(1)熟悉三相异步电动机的结构和铭牌数据。

(2)熟悉电动机常用控制电器的结构与动作原理。

(3)学会三相异步电动机的点动控制的接线和操作方法。

(4)能说出"点动"的基本概念。

(5)能读懂电动机点动控制电路的原理图，会分析其电路的工作过程。

二、实验仪器

实验仪器如表3-2所示。

表3-2　实验仪器

序号	使用设备名称	数量
1	熔断器	5
2	热继电器	1
3	按钮	3
4	交流接触器	1
5	刀开关	1
6	三相异步电动机	1
7	万用表	1
8	电工工具及导线	若干

三、实验线路与原理

电动机的点动控制线路，具有过载保护的单相点动控制线路，电动机的点动控制线路如图 3.24 所示。

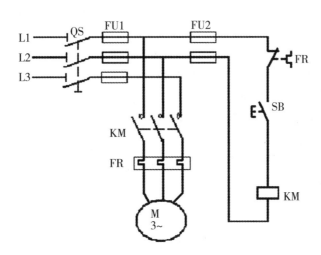

图 3.24　电动机的点动控制线路

(1)SB 为线路的控制按钮。

(2)工作原理：合上开关 QS

起动：按下 SB→KM 线圈获电→KM 主触头闭合→电动机开始运行。

停止：放开 SB→KM 线圈断电→KM 主触头断开→电动机停止运行。

按下控制按钮 SB，由于接在按钮 SB 下端的 KM 线圈通电，KM 主触头闭合，电动机开始运转；当放开控制按钮 SB 后，电动机停转。这种线路叫做点动控制线路，由于线路中加装了热继电器，所以线路依然具有过载保护。同时还兼有欠电压、失电压、短路保护等特点。

四、实验内容及要求

(1)检查各电器元件的质量情况，了解其使用方法。

(2)按图连接点动控制的电气控制线路，先接主电路，再接控制回路。

(3)用万用表检查所连线路是否正确，自行检查无误后，经指导教师检查认可后合闸通电试验。

(4)操作和观察电动机点动工作情况。

(5)若在实验中发生故障，应画出故障现象的原理图，分析故障原因并排除故障。

五、思考题

(1)电路中用什么实现自锁?

(2)电路中自锁点起了什么作用?

六、实验报告要求

(1)根据实验要求画出实验电路。

(2)标明实验电路所用器件的型号。

(3)记录实验中发现的问题、错误、故障及解决方法。

任务3　电动机的长动控制

一、实验目的

(1)熟悉三相异步电动机的结构和铭牌数据。

(2)熟悉电动机常用控制电器的结构与动作原理。

(3)学会三相异步电动机的长动控制的接线和操作方法。

(4)能说出"长动"的基本概念。

(5)能读懂电动机长动控制电路的原理图,会分析其电路的工作过程。

二、实验仪器

实验仪器如表3-3所示。

表3-3　实验仪器

序号	使用设备名称	数量
1	熔断器	5
2	热继电器	1
3	按钮	3
4	交流接触器	1
5	刀开关	1
6	三相异步电动机	1
7	万用表	1
8	电工工具及导线	若干

三、实验线路与原理

电动机的长动控制线路,具有过载保护的单相长动控制线路,电动机的长动控制线路如图3.25所示。

(1)SB1、SB2为线路的控制按钮。

(2)工作原理:合上开关QS

起动:按下SB1→KM线圈获电→KM主触头闭合→电动机开始运行,动合辅助触点闭合,实现自锁。

停止:放开SB2→KM线圈断电→KM主触头断开→电动机停止运行。

按下控制按钮SB1,由于接在按钮SB1下端的KM线圈通电,KM主触头闭合,电动机开始运转;当按下控制按钮SB2后,电动机停转。这种线路叫做长动控制线路,由于线路中加装了热继电器,所以线路依然具有过载保护。同时还兼有欠电压、失电压、短路保护等特点。

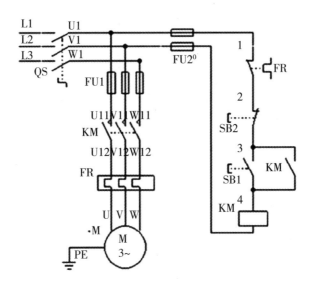

图 3.25　电动机的长动控制线路

四、实验内容及要求

(1)检查各电器元件的质量情况，了解其使用方法。

(2)按图连接长动控制的电气控制线路，先接主电路，再接控制回路。

(3)用万用表检查所连线路是否正确，自己检查无误后，经指导教师检查认可后合闸通电试验。

(4)操作和观察电动机长动工作情况。

(5)若在实验中发生故障，应画出故障现象的原理图，分析故障原因并排除。

五、思考题

(1)电路中用什么实现了自锁？

(2)电路中自锁点起了什么作用？

(3)请思考，如何在同一电路中既有点动又有长动？

六、实验报告要求

记录实验中发现的问题、错误、故障及解决方法。

任务4　三相异步电动机的点动与长动控制

一、实验目的

(1)了解按钮、中间继电器、接触器的结构、工作原理及使用方法。

(2)熟悉电气控制实验装置的结构及元器件分布。

(3)掌握三相异步电动机点动与长动控制的工作原理和接线方法。

（4）掌握电气控制线路的故障分析及排除方法。

二、实验仪器

实验仪器如表 3－4 所示。

表 3－4　实验仪器

序号	使用设备名称	数量
1	熔断器	5
2	热继电器	1
3	按钮	3
4	交流接触器	1
5	刀开关	1
6	三相异步电动机	1
7	万用表	1
8	电工工具及导线	若干

三、知识学习及操作步骤

图 3.26 所示为三相异步电动机的点动与长动接线图。

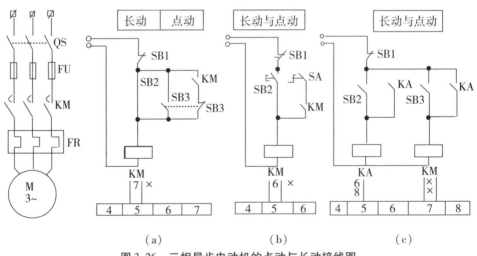

（a）　　　　　（b）　　　　　（c）

图 3.26　三相异步电动机的点动与长动接线图

图 3.26(a)所示为用按钮实现长动与点动的控制电路。点动按钮 SB3 的常闭触点作为连接触点串联在接触器 KM 的自锁触点电路中。长动时按下起动按钮 SB2，接触器 KM 得电自锁；点动工作时按下按钮 SB3，其常开触点闭合，接触器 KM 得电。但 SB3 的常闭触点 KM 的自锁电路切断，手一离开按钮，接触器 KM 失电，从而实现了点动控制。若接触器的释放时间大于按钮恢复时间，则点动结束，SB3 常闭触点复位时，接触器 KM 的常开触点尚未断开，使接触器自锁电路继续通电，线路就无法实现点动控制，

这种现象称为"触点竞争"。在实际应用中应保证接触器 KM 释放时间大于按钮恢复时间，从而实现可靠的点动控制。

图 3.26(b)所示为用开关 SA 实现长动与点动转换的控制电路。当转换开关 SA 闭合时，按下按钮 SB2，接触器 KM 得电并自锁，从而实现了长动；当转换开关 SA 断开时，由于接触器 KM 的自锁电路被切断，所以这时按下按钮 SB2 是点动控制。这种方法避免了(a)图中"触点竞争"现象，但在操作上不太方便。

图 3.26(c)所示为用中间继电器实现长动与点动的控制电路。长动控制时按下按钮 SB2，中间继电器 KA 得电并自锁。点动工作时按下按钮 SB3，由于不能自锁从而可靠地实现了点动工作。这种方法克服了图 3.26(a)、(b)的缺点，但因为多用了一个继电器 KA，所以成本会增加。

四、实验内容及要求

(1)检查各电器元件的质量情况，了解其使用方法。

(2)按图连接长动与点动联锁控制的电气控制线路，先接主电路，再接控制回路。

(3)用万用表检查所连线路是否正确，自行检查无误后，经指导教师检查认可后合闸通电试验。

(4)操作和观察电动机点动工作情况。

(5)操作和观察电动机长动工作情况。

(6)若在实验中发生故障，应画出故障现象的原理图，分析故障原因并排除故障。

五、思考题

(1)三相异步电动机主电路中装有熔断器，为什么还要装热继电器？可否二者中任意选择其中一个？

(2)能否用过电流继电器作为电动机的过载保护？为什么？

(3)简述中间继电器与接触器异同点。

六、实验报告要求

(1)根据实验要求画实验电路。

(2)标明实验电路所用器件的型号。

(3)记录实验中发现的问题、错误、故障及解决方法。

任务 5　电动机多地控制线路

一、实验目的

(1)学会正确地安装和检修两地控制的具有过载保护的接触器自锁正转控制线路。

(2)掌握按钮连接及其在电路中的应用方法。

二、实验仪器

实验仪器如表 3－5 所示。

表3-5　实验仪器

序号	使用设备名称	数量
1	熔断器	5
2	热继电器	1
3	按钮	3
4	交流接触器	1
5	刀开关	1
6	三相异步电动机	1
7	万用表	1
8	电工工具及导线	若干

三、实验内容及步骤

图3.27所示为电动机多地控制线路图。

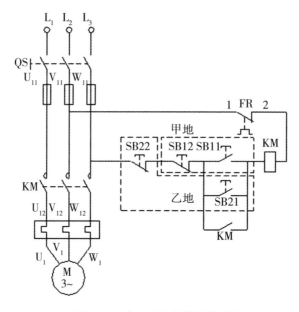

图3.27　电动机多地控制线路图

线路图3.27中，SB11和SB12为甲地的起动和停止按钮；SB21和SB22乙地的起动和停止按钮。它们可以分别在两个不同地点上控制接触器KM的接通和断开，进而实现两地控制同一电动机启、停的目的。

（1）甲地控制。

起动：按下按钮SB11→KM线圈得电→KM主触头闭合（KM自锁触头闭合）→电动机M转动。

停止：按下按钮SB12→KM线圈失电→KM各触头复位→电动机M停转。

（2）乙地控制。

起动：按下按钮SB21→KM线圈得电→KM主触头闭合（KM自锁触头闭合）→电动

机 M 转动。

停止：按下按钮 SB22→KM 线圈失电→KM 各触头复位→电动机 M 停转。

实验步骤如下：

(1)按图 3.27 接线，经指导教师检查后，方可进行通电操作。

(2)开启电源总开关，按下正向起动按钮 SB1，观察并记录电动机的转向和接触器的运行情况。

(3)按下反向起动按钮 SB2，观察并记录电动机的转向和接触器的运行情况。

(4)按下停止按钮 SB3，观察并记录电动机的转向和接触器的运行情况。

(5)再按按钮 SB2，观察并记录电动机的转向和接触器的运行情况。

(6)实验完毕，切断电源，拆除电路。

(7)整理工作台。

四、实验内容及要求

(1)在按钮安装电路完毕后，须经老师检查后才能通电操作。

(2)当发现异常情况时，应立即断开总电源，查明原因，经指导老师检查后才能再通电操作。

(3)如发现电机不转，且有嗡嗡叫声时，也要立即断开电源，检查电动机是否缺相。

(4)三相电动机安装要牢固、稳定、水平放置。

五、思考题

(1)电动机多地控制电路是否一次成功？出现了什么故障？如何排除？

(2)试着分析电动机正反转点动的两地控制电路图(图 3.28)。

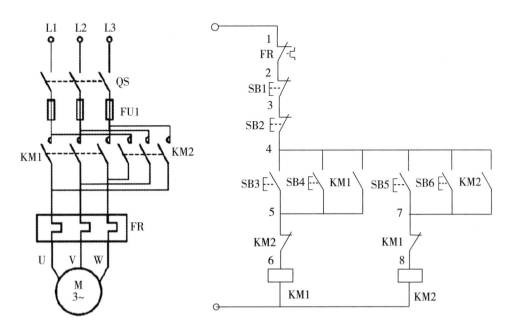

图 3.28　电动机正反转点动的两地控制电路图

六、实验报告要求

（1）回答思考题。

（2）记录实验中发现的问题、错误、故障及解决方法。

项目四　主电路与控制线路的故障排查

任务1 主电路与控制线路的故障排查

电路(系统)丧失规定功能称为故障,包括硬故障、软故障和间歇性故障。

1. 硬故障

硬故障又称突变故障,包括电动机、电器元件或导线显著的发热、冒烟、散发焦臭味、有火花等故障,多是由于过载、短路、接地等原因,导致击穿绝缘层、烧坏绕组或导线等。

2. 软故障

软故障又称渐变故障,除部分由于电源、电动机和制动器等出现问题外,多数是由于控制电器的问题,如电器元件调整不当、机械动作失灵、触头及压接线头接触不良或脱落等。

3. 间歇性故障

间歇性故障是由于元件的老化、容差不足、接触不良等因素造成的,是仅在某些情况下才表现出来的故障。

一、实验目的

在电路出现故障时能以最快时间排查出故障。

二、实验仪器

实验仪器如表4-1所示。

表4-1 实验仪器

序号	使用设备名称	数量
1	熔断器	3
2	热继电器	1
3	按钮	2
4	交流接触器	2
5	刀开关	1
6	三相异步电动机	1
7	万用表	1
8	电工工具及导线	若干

三、知识学习及操作步骤

1. 电控线路的故障诊断与维修

控制线路是多种多样的,它们的故障又和机械、液压、气动系统混合在一起,较难分解。不正确的检修会造成人身事故,所以必须掌握正确的检修方法,一般的检修方法及步骤如下:

1）检修前的故障调查

故障调查主要有问、看、听、摸几个步骤。

（1）问：首先向机床的操作者了解故障发生的前后情况，故障是首次发生还是经常发生；是否有烟雾、跳火、异常声音和气味出现；有何失常和误动；是否经历过维护、检修或改动线路等。

（2）看：观察熔断器的溶体是否熔断；电气元件有无发热、烧毁、触点熔焊、接线松动、脱落及断线等。

（3）听：听电动机、变压器和电气元件运行时的声音是否正常。

（4）摸：在电动机、变压器和电磁线圈等发生故障时，温度是否显著上升，有无局部过热现象。

2）根据电路、设备的结构及工作原理直观查找故障范围

弄清楚被检修电路、设备的结构和工作原理是循序渐进、避免盲目检修的前提。检查故障时，先从主电路入手，看拖动该设备的几个电动机是否正常，然后逆着电流方向检查主电路的触点系统、热元件、熔断器、隔离开关及线路本身是否有故障。接着根据主电路与二次电路之间的控制关系，检查控制回路的线路接头、自锁或联锁触点、电磁线圈是否正常，检查制动装置、传动机构中工作不正常的范围，从而找出故障部位。如果能通过直观检查发现故障点，如线头脱落、触点、线圈烧毁等，那么检修速度更快。

3）从控制电路动作顺序检查故障范围

通过直接观察无法找到故障点时，在不会造成损失的前提下，切断主电路，让电动机停转。然后通电检查控制电路的动作顺序，观察各元件的动作情况。如某元件应该动作时不动作，不应该动作时乱动作，动作不正常，行程不到位，虽能吸合但接触电阻过大或有异响等，故障点很可能就在该元件中。当认定控制电路工作正常后，再接通主电路，检查控制电路对主电路的控制效果，最后检查主电路的供电环节是否正常。

4）仪表测量检查

利用各种电工仪表测量电路中的电阻、电流、电压等参数，可进行故障判断，常用方法如下：

（1）电压测量。

电压测量法是根据电压值来判断电气元件和电路故障所在，检查时把万用表旋到交流电压500 V挡上，它有分阶测量、分段测量、对地测量三种方法。

①分阶测量法。

如图4.1所示，若按下起动按SB2，接触器KM1不吸合，说明电路有故障。

检修时，首先用万用表测量1、7两点电压，应为380 V。然后按下起动按钮SB2不放，同时将黑色表棒接到7点，红色表棒依次接6、5、4、3、2点，分别测量7-6、7-5、7-4、7-3、7-2各阶电压。电路正常时，各阶电压应为380 V。如测到7-6之间无电压，说明是断路故障，可将红色表棒前移，当移到某点电压为正时，说明该点以后的触点或接线断路，一般是此点后第一个触点成连线断路。

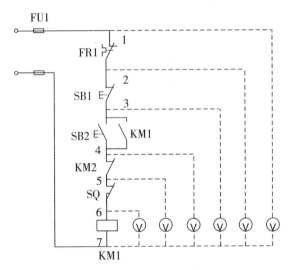

图 4.1　电压的分阶测量法

②分段测量法。

分段测试量即先用万用表测量图 4.1 中点 1 - 7 点电压，电压为 380 V，说明电源电压正常。然后按下按钮 SB2 不放，用万用表逐段测量相邻的两点 1 - 2、2 - 3、3 - 4、4 - 5、5 - 6、6 - 7 的电压，如电路正常，除 6 - 7 两点电压等于 380 V 外，其他任意相邻两点间的电压都应为零。如测量某相邻两点电压为 380 V，说明两点所包括的触点及其连接导线接触不良或断路。

③对地测量法。

当机床电气控制线路接 220 V 电压且零线直接接在机床床身时，可采用对地测量法来检查电路的故障。

在图 4.1 中，用万用表的黑表棒逐点测试 1、2、3、4、5、6 等各点，根据各点对地电压来检查线路的电气故障。

(2)电阻测量法。

①分阶电阻测量法。

如图 4.2 所示，按下起动按钮 SB2，若接触器 KM1 不吸合，说明电气回路有故障。

检查时，先断开电源，按下按钮 SB2 不放，用万用表电阻挡测量 1 - 7 两点电阻。如果电阻无穷大，说明电路断路；然后逐段测量 1 - 2、1 - 3、1 - 4、1 - 5、1 - 6 各点的电阻值，若测量某点的电阻突然增大时，说明表棒跨接的触点或连接线接触不良或断路。

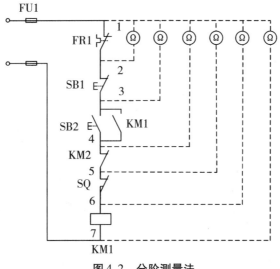

图 4.2　分阶测量法

②分段电阻测量法。

检查时切断电源，按下按钮 SB2，逐段测量图 4.2 中的 1 - 2、2 - 3、3 - 4、4 - 5、5 - 6 两点间的电阻。如测得某两点间电阻很大，说明该触点接触不良或导线断路。

③短接法。

短接法即用一根绝缘良好的导线将怀疑的断路部位短接，有局部短接法和长短接法两种。用一根绝缘导线分别短接图 4.2 中 1 - 2、2 - 3、3 - 4、4 - 5、5 - 6 两点，当短接到某两点时，接触器 KM1 吸合，则断路故障就在这里。

所谓长短接法，是指一次短接两个或多个触点，与局部短接法配合使用，可缩小故障范围，迅速排除故障。如当 FR、SB1 的触点同时接触不良时，仅测 1 - 2 两点电阻会造成判断失误。而用长短接法将 1 - 6 短接，如果 KM1 吸合，说明 1 - 6 这段电路有故障，然后再用局部短接法找出故障点。

5)机械故障检查

在电力拖动中有些信号是机械机构驱动的，如机械部分的联锁机构、传动装置等发生故障，即使电路正常，设备也不能正常运行。在检修中，应注意机械故障的特征和现象，找出故障点排除故障。

本次实验使用天煌 WD221、WD222、WD223 挂件，接线图按照控制电路的原理接线，因此必须掌握控制电路原理图的绘制原则，读懂原理图，对照实验电路板将电气元件各部分的位置找出，正确接线。接线步骤是先接主电路，后接控制电路。

控制电路原理图中所有电器的触点都处于静态位置，即电器没有任何动作的位置。例如，对于继电器接触器，是指其线圈没有电流时的位置；按钮是指没有受到压力时的位置。

利用天煌故障排查系统前，必须按图 4.2(或 4.3 或 4.4)接好后，才能保证试题发放后，能准确找到故障点。

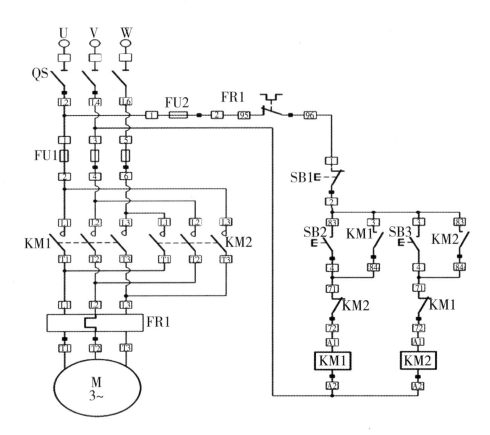

图 4.3 三相异步电动机正反转控制故障排除电路接线图

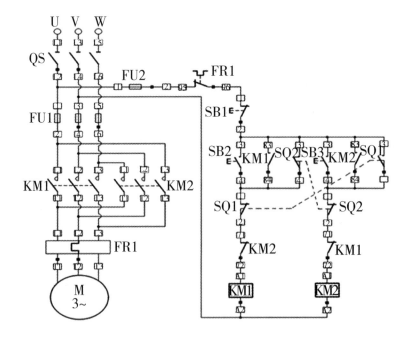

图 4.4 三相异步电动机自动往返控制故障排除电路接线图

常见故障分析：

（1）对于控制线路，接通电源后按下起动按钮 SB2 或 SB3，若接触器动作而电动机不转动说明主电路有故障，断电检查线路。若电动机伴有嗡嗡声，则可能有一相断开，检查主电路电源保险丝或主电路连接导线是否接触良好、有无断线等。

（2）接通电源后，按下起动按钮，若接触器不动作，则是控制电路有故障，检查接触器触点是否接触良好，按钮接触是否正常，线圈和导线是否断线等。

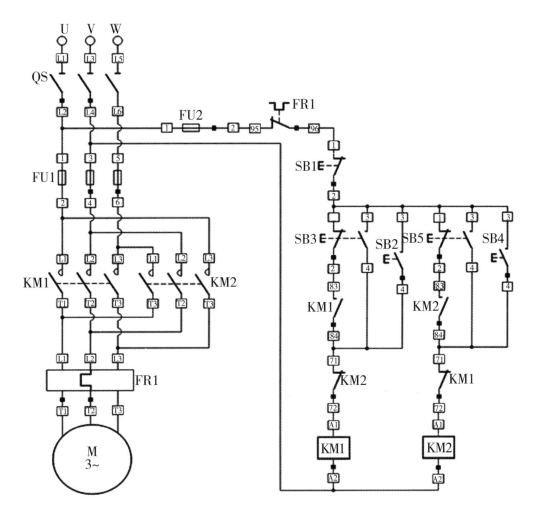

图 4.5　三相异步电动机点动 + 长动控制故障排除电路接线图

登陆天煌故障排查系统，输入学生姓名，发放试题，进行故障排查。

四、实验内容及要求

（1）检查各电器元件的质量情况，看是否有损坏。

（2）按图 4.2、4.3、4.4、4.5 连接电气控制线路，先接主电路，再接控制回路。

（3）按照上面的排除法逐一实验排除故障。

（4）用万用表检查所连线路是否正确。

（5）实验结束后将实验台收拾打扫干净。

五、思考题

（1）排除法与逻辑分析法哪个方法查出故障更快捷？

（2）除了上面介绍的方法外还有没有其他排除方法？

六、实验报告要求

1. 回答思考题。

2. 记录实验中发现的问题、错误、故障及解决方法。

任务 2　在电气控制电路设计中的注意事项

一、合理选择控制电源

当控制电器较少、控制电路较简单时，控制电路可直接使用主电路电源，如普通车床的控制电路；当控制电器较多、控制电路较复杂时，通常都采用控制变压器将控制电压降到 110 V 或以下，如镗床的控制电路；对于要求吸力稳定又操作频繁的直流电磁器件，如液压阀中的电磁铁，必须采用相应的直流控制电源。

二、防止电器线圈的错误连接

电压线圈，特别是交流电压线圈，不能串接使用，如图 4.6 所示。大电感的直流电磁线圈（如电磁铁线圈）不能直接与别的电磁线圈（特别是继电器线圈）相并联。

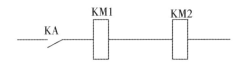

图 4.6　线圈不能串联连接

三、电器触点的布置要尽可能优化

同一电气元件的动合触点和动断触点靠得很近，若分别接在不同的电源不同的相上，如图 4.7（a）所示，由于各相位的电位不等，当触点断开时，会产生电弧形成短路。

（a）不合理　　　　　　　　　　　　　　（b）合理

图 4.7　正确连接电器的触点

四、防止出现寄生电路

所谓的寄生电路是指在电气控制电路动作过程中意外接通的电路。若在控制电路中存在寄生电路,将破坏电器和电路的工作循环,造成误动作。如图4.8所示为一个具有指示灯和热保护的电动机正反转控制电路。在正常工作时,电路能完成正反向起动、停止与信号的指示。但当热继电器FR动作后,电路就出现了寄生电路,如图中虚线所示,KM1线属仍有部分电压使KM1不能可靠释放,起不到保护作用。

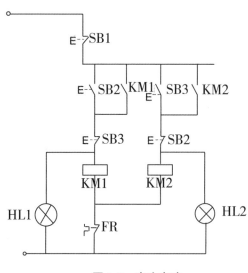

图4.8　寄生电路

五、注意电器触点动作之间的"竞争"问题

图4.9所示为一个产生"竞争"现象的典型电路。电路的本意是按下按钮SB2后,KM1、KT通电,电动机M1运转,延时到后,电动机M1停转而M2运转。正式运行时,会产生这样的奇特现象:有时候可以正常运行,有时候就不行。原因在于图4.9(a)的设计不可靠,存在临界竞争现象。KT延时到后,其延时动断触点由于机械运动原因先断开,而延时动合触点后闭合。当延时动断触点先断开后,KT线圈随即断电,由于磁场不能突变为零,而衔铁复位需要时间,故有时延时动合触点来得及闭合,但是有时会因受到某些干扰而失控。若将KT延时动断触点换上KM2动断触点后,就绝对可靠了。

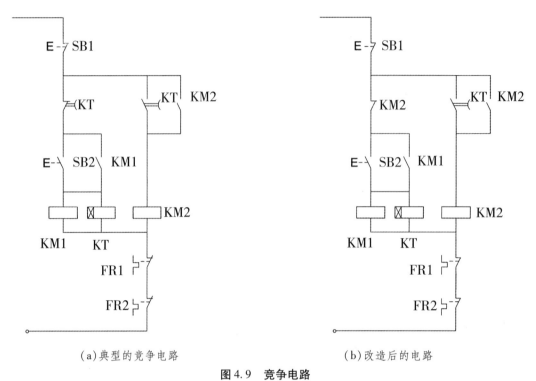

（a）典型的竞争电路　　　　　（b）改造后的电路

图 4.9　竞争电路

项目五　电动机单台双向控制

任务 1　三相异步电动机的正反转控制线路

一、实验目的

1. 通过对三相异步电动机正反转控制线路的接线，掌握由电路原理图接成实际操作电路的方法。

2. 掌握三相异步电动机正反转的原理和方法。

3. 掌握接触器联锁正反转控制、按钮联锁正反转控制及按钮和接触器双重联锁正反转控制线路的不同接法，并熟悉在操作过程中的不同之处。

二、实验仪器

实验仪器如表 5 - 1 所示。

表 5 - 1　实验仪器

序号	使用设备名称	数量
1	熔断器	4
2	热继电器	1
3	按钮	3
4	交流接触器	2
5	刀开关	1
6	三相异步电动机	1
7	万用表	1
8	电工工具及导线	若干

三、实验线路与原理

1. 接触器联锁正反转控制线路

(1)按下"停止"按钮切断交流电源，按图5.1接线。图中电机选用三相鼠笼式异步电动机(Y/380 V)。经指导老师检查无误后，按下"起动"按钮通电操作。

(2)合上电源开关 Q1，接通 380 V 三相交流电源。

(3)按下 SB1，观察并记录电动机 M 的转向、接触器自锁和联锁触点的吸断情况。

(4)按下 SB3，观察并记录 M 运转状态、接触器各触点的吸断情况。

(5)再按下 SB2，观察并记录 M 的转向、接触器自锁和联锁触点的吸断情况。

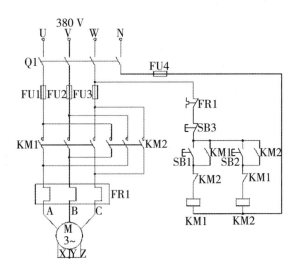

图 5.1　接触器联锁正反转控制线路

2. 按钮联锁正反转控制线路

(1)按下"停止"按钮,切断交流电源,按图 5.2 接线。图中电机选用机组一的 Y100L-4 型三相鼠笼式异步电动机(Y/380 V)。经指导老师检查无误后,按下"起动"按钮通电操作。

(2)合上电源开关 Q1,接通 380 V 三相交流电源。

(3)按下 SB1,观察并记录电动机 M 的转向、各触点的吸断情况。

(4)按下 SB3,观察并记录电动机 M 的转向、各触点的吸断情况。

(5)按下 SB2,观察并记录电动机 M 的转向、各触点的吸断情况。

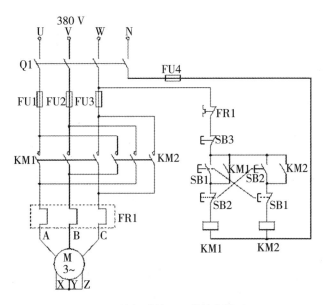

图 5.2　按钮联锁正反转控制线路

3. 按钮和接触器双重联锁正反转控制线路

(1)按下"停止"按钮，切断三相交流电源，按图 5.3 接线。图中电机选用三相鼠笼式异步电动机(Y/380 V)。经检查无误后，按下"起动"按钮通电操作。

(2)合上电源开关 Q1，接通 380 V 交流电源。

(3)按下 SB1，观察并记录电动机 M 的转向、各触点的吸断情况。

(4)按下 SB2，观察并记录电动机 M 的转向、各触点的吸断情况。

(5)按下 SB3，观察并记录电动机 M 的转向、各触点的吸断情况。

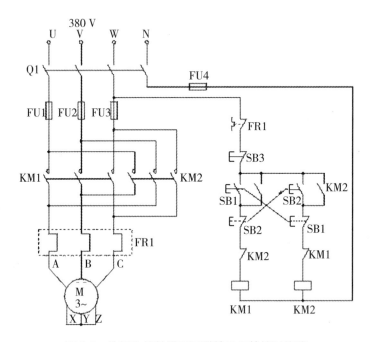

图 5.3　按钮和接触器双重联锁正反转控制线路

四、实验内容及要求

(1)检查各电器元件的质量情况，了解其使用方法。

(2)按控制线路图连接正反转的电气控制线路，先接主电路，再接控制回路。

(3)用万用表检查所连线路是否正确，自行检查无误后，经指导教师检查认可后合闸通电试验。

(4)操作和观察电动机的正反转工作情况。

(5)若在实验中发生故障，应画出故障现象的原理图，分析故障原因并排除。

五、讨论题

(1)试分析图 5.1、图 5.2 及图 5.3 各有什么特点？并画出运行原理流程图。

(2)图 5.1、图 5.2 虽然也能实现电动机正反转直接控制，但容易产生什么故障？为什么？图 5.3 与图 5.1 和图 5.2 相比具有什么优点？

(3)接触器和按钮的联锁触点在继电接触控制中起什么作用？

六、实验报告要求

(1)根据实验要求画的实验电路。

(2)标明实验电路所用的器件型号。

(3)记录实验中发现的问题、错误、故障及解决方法。

任务2　电动机自动往返控制

一、实验目的

通过实验理解和掌握三相异步电动机带限位自动往返转控制的原理。

二、实验仪器

实验仪器如表5－2所示。

表5－2　实验仪器

序号	使用设备名称	数量
1	刀开关	1
2	热继电器	1
3	交流接触器	2
4	熔断器	5
5	按钮	3
6	行程开关	4
7	三相异步电动机	1
8	电工工具及导线	若干

三、知识学习及操作步骤

学习行程往返控制电路的连接；掌握行程往返控制电路的原理；能熟练使用万用表检测电路。

(1)学习自动往返控制原理。

(2)画出行程往返控制的原理图(见图5.4)。

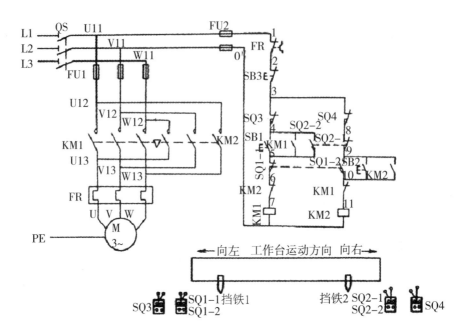

图 5.4 电动机自动往返控制线路

（3）按照原理图进行接线。

（4）接线完成后用万用表检查电路有无故障。

（5）检查无故障并征得指导老师同意后进行通电观察现象。

四、实验内容及要求

（1）在接触器联锁的电路基础上，画出行程往返控制电路。记忆方法：主电路不变，控制电路分别并串联行程开关的常开触头与常闭触头。

（2）行程开关的常开、常闭触头要分清，不要装错位置。

（3）安装过程要仔细，常开、常闭触头不要跨接线圈。

（4）每连接一根导线，都要套上回路标号，同时检查接线位置，不要出错。尽量做到每连接一根线都是正确的，这样安装电路出错率便会很低，电路一次通电成功率较高。

（5）检查电路无误后在老师的指导下通电试验。

五、思考题

生活中有哪些地方运用到了自动往返原理？举例说明。

六、实验报告要求

（1）回答思考题。

（2）标明实验电路所用的器件型号。

（3）记录实验中发现得问题、错误、故障及解决方法。

任务3　电动机调速和双速电动机的控制及实现

一、实验目的

通过实验理解和掌握双速异步电动机电气控制电路的原理。

二、实验仪器

实验仪器如表5-3所示。

表5-3　实验仪器

序号	使用设备名称	数量
1	刀开关	1
2	热继电器	1
3	交流接触器	3
4	熔断器	5
5	按钮	3
6	双速电动机	1
7	电工工具及导线	若干

三、知识学习及操作步骤

1. 电机的调速

近年来，随着电力电子技术的发展，异步电动机的调速性能大有改善，交流调速应用日益广泛，在许多领域有取代直流调速系统的趋势。

从异步电动机的转速关系式 $n = n_1(1-s) = \dfrac{60f_1}{p}(1-s)$ 可以看出，异步电动机调速可分为三大类：变极调速、变频调速和变转差率调速。

1）变极调速

改变定子绕组的磁极对数 p 未达到改变转速的目的。若磁极对数减少一半，同步转速就提高一倍，电动机转速也几乎提高一倍，这种电动机称为多速电动机。其转子均采用笼型转子，因笼型转子感应的极对数能自动与定子相适应。

多极电动机定子绕组连接方式常用的有两种：一种是从星形改成双星形，写作 Y/YY，如图5.5所示。该方法可保持电磁转矩不变，适用于起重机、传输带运输等恒转矩的负载。另一种是从三角形改成双星形，写作△/YY，如图5.6所示。该方法可保持电机的输出功率基本不变，适用于金属切削机床类的恒功率负载。上述两种接法都可使电动机磁极数减少一半，转速提高一倍。

注意：在绕组改接时，为了使电动机转向不变，应把绕组的相序改接一下。

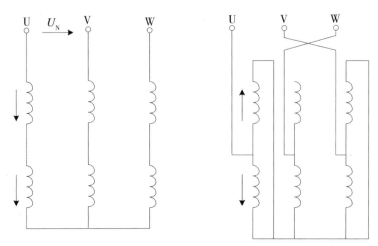

图 5.5　异步电动机 Y/YY 变极调速接线图

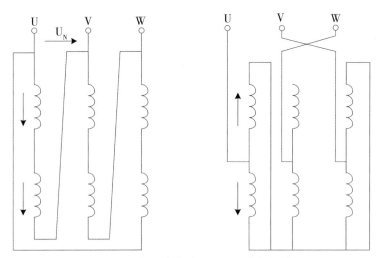

图 5.6　三相异步电动机 △/YY 变极调速

2）变频调速

变频调速是通过改变供电电网的频率来调速。在变频调速的同时，必须降低电源电压，使电源电压与电网频率的比值保持不变。

$$U_1 \approx E_1 = 4.44 f_1 N_1 k_{w1} \varphi_0$$

变频调速的优点是能平滑调速、调速范围广、效率高。缺点是系统较复杂、成本较高。随着晶闸管整流和变频技术的迅速发展，异步电动机的变频调速应用日益广泛，它主要用于拖动泵类负载，如通风机、水泵等。

3）变转差率调速

（1）改变定子电压调速。此法用于笼型异步电动机，属于改变转差率 s 调速。

对于转子电阻大、机械特性曲线较软的笼型异步电动机，采用此法调速的范围很宽。缺点是低压时机械特性太软，转速变化大，可采用带速度负反馈的闭环控制系统来解决该问题。

改变电源电压调速过去都采用定子绕组串联电抗器来实现,目前已广泛采用晶闸管交流调压线路来实现。

(2)转子串电阻调速。此法只适用于绕线式异步电动机,属于改变转差率 s 调速。

转子串电阻调速的优点是方法简单,主要用于中、小容量的绕线式异步电动机,如防式起动机等。若转速太低,则转子损耗较大,且低速时效率不离。

(3)串级调速。它也是适用于绕线式异步电动机,属于改变转差率 s 调速。

串级调速就是在异步电动机的转子回路串入一个三相对称的附加电动势,其电动势与转子电动势相同,通过改变附加电动势的大小和相位,就可以调节电动机的转速。若引入附加电动势后使电机转速降低,则称为低同步串级调速;若引入附加电动势后导致转速升高,则称为超同步串级调速。

串级调速性能比较好,过去由于附加电动势的获得比较难,长期以来没能得到推广。近年来,随着可控硅技术的发展,串级调速有了广阔的发展前景。现已被广泛用于水泵、风机的节能调速和不可逆轧钢机、压缩机等生产机械。

2. 双速电机的控制

双速电动机是通过改变定子绕组的接法从而实现三相异步电动机转速的改变。

如图 5.7 所示,主电路中 KM1 为三角形连接接触器,实现低速控制。KM2、KM3 为双星形连接接触器,实现高速控制。其工作过程为:合上电源开关 QF,当按下低速起动按钮 SB1 时,KM1 接触器线圈通电,将电动机定子绕组连接成三角形,电动机以四极低速运转。若按下高速起动按钮 SB2,则 KM1 线圈失电,同时 KM2、KM3 将电动机定子绕组连接成双星形,电动机以双极高速运转。

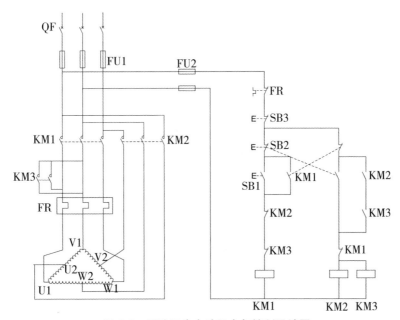

图 5.7　双速异步电动机电气控制设计图

四、实验内容及要求

(1)低速运转接线时,电源进线端为 U1、V1、W1 而 U2、V2、W2 为悬空。

(2)高速运转接线时,电源进线端为 U2、V2、W2。

五、思考题

在生活中有哪些地方可以运用双速电机?举例说明。

六、实验报告要求

(1)回答思考题。

(2)标明实验电路所用的器件型号。

(3)记录实验中发现的问题、错误、故障及解决方法。

项目六 多台电动机的顺序控制

任务1 多台电动机的顺序起动、同时停止
任务2 多台电动机的顺序起动、分别停止
任务3 多台电动机的顺序起动、逆序停止
任务4 时间继电器控制下的多台电动机的顺序起动、逆序停止

任务 1　多台电动机的顺序起动、同时停止

一、实验目的

1. 掌握两台电动机顺序起动、顺序停止控制线路的安装。
2. 掌握两台电动机时间继电器控制顺序起动、顺序停止控制线路的安装。

二、实验仪器

实验仪器如表 6-1 所示。

表 6-1　实验仪器

序号	使用设备名称	数量
1	熔断器	5
2	时间继电器	1
3	按钮	4
4	交流接触器	2
5	刀开关	1
6	三相异步电动机	2
7	万用表	1
8	电工工具及导线	若干

三、知识学习及操作步骤

在装有多台电动机的生产机械上，各电动机所起的作用是不同的，有时需按一定的顺序起动或停止，才能保证操作过程的合理和工作的安全可靠。例如，X62W 型万能铣床要求主轴电动机起动后，进给电动机才能起动；M7120 型平面磨床的冷却泵电动机，要求当砂轮电动机起动后才能起动。像这种要求几台电动机的起动或停止必须按一定的先后顺序来完成的控制方式，叫做电动机的顺序控制。

如图 6.1 所示，设 M1 为油泵电动机，在车床中可为齿轮箱提供润滑油；M2 为主拖动电动机。将控制油泵电动机 M1 的接触器 KM1 的常开辅助触点串入控制主电动机 M2 的接触器 KM2 的线圈支路，则可实现电路只在润滑泵电动机起动后主电动机方可起动的顺序联锁控制。

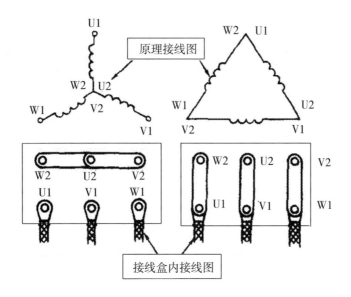

（a）绕组 Y 形接法　　　（b）绕组 △ 形接法

图 6.1　两台电动机顺序起动、顺序停止控制线路

在图 6.2 中，电路采用了时间继电器，属于按时间顺序控制的电路。时间继电器的延时时间可调，即可预置 M1 起动 n 秒后电动机 M2 再起动。工作过程：合上 QS，按下按钮 SB2，接触器 KM1 线圈、时间继电器 KT 线圈同时通电，且由 KM1 辅助常开触点形成自锁，电动机 M1 起动。延时 n 秒时间到后，KT 延时闭合触点闭合，接触器 KM2 线圈通电并自锁，电动机 M2 起动，同时 KM2 的常闭触点断开，切断 KT 线圈支路，完成 M1、M2 电动机按预定时间的顺序起动控制。

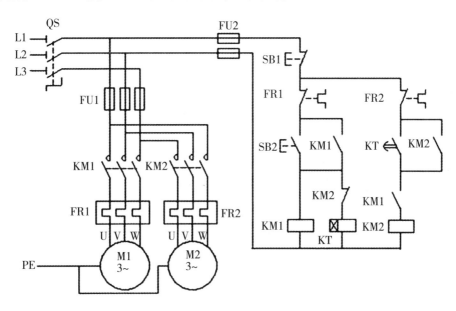

图 6.2　两台电动机时间继电器控制顺序起动、顺序停止控制线路

四、实验内容及要求

(1)用万用表检测交流接触器、闸刀开关各触点是否完好。

(2)按照图6.1、图6.2正确接线。

(3)检查线路连接是否正确。

(4)把闸刀开关电源线和控制电路电源线依次接入到实验台控制面板上的三相调压电流保护一端的 U 端插孔、V 端插孔和 W 端插孔。

(5)为保证安全,先合上闸刀开关,打开实验台上的钥匙总开关,按下实验台上的电压起动按钮(绿色按钮)后,再按下控制电路中的按钮常开触点。

(6)观察实验现象,如运转正常,1 min 后再按下按钮开关常闭触点,电路失电,电机停转。

(7)若电路运行不正常,按下实验台上的停止按钮,关闭实验台上的钥匙总开关,拔出实验电路的各个电源插线。然后检查线路连接是否出了问题,直到问题解决,再重复实验。

五、思考题

(1)时间继电器的动作过程是怎么样的?

(2)为什么要设置一个接触器 KM2,没有它可以吗?

(3)若有电动机为三台,实现第一台运转3 s 后,第二台起动,再隔5 s 第三台起动,试设计该控制电路。

六、实验报告要求

(1)根据实验要求设计实验电路。

(2)记录实验中发现的问题、错误、故障及解决方法。

(3)叙述本控制电路图的工作原理及设计思路。

任务2 多台电动机的顺序起动、分别停止

一、实验目的

(1)了解按钮、中间继电器、接触器的结构、工作原理及使用方法。

(2)熟悉电气控制实验装置的结构及元器件分布。

(3)掌握电动机顺序起动、分别停止的工作原理和接线方法。

(4)掌握电气控制线路的故障分析及排除方法。

二、实验仪器

实验仪器如表6-2所示。

表6－2　实验仪器

序号	使用设备名称	数量
1	熔断器	1
2	时间继电器（通电延时）	2
3	按钮	3
4	交流接触器	2
5	刀开关	1
6	三相异步电动机	2
7	万用表	1
8	电工工具及导线	若干

三、知识学习及操作步骤

图6.3所示为多台电动机的顺序起动、分别停止接线图。

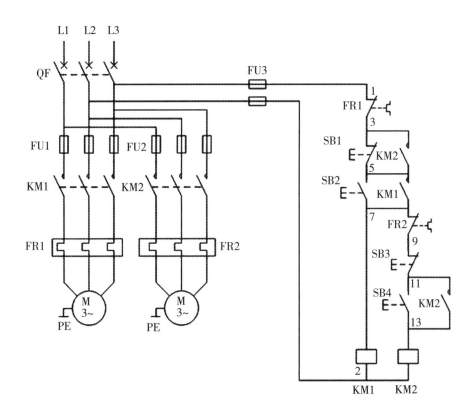

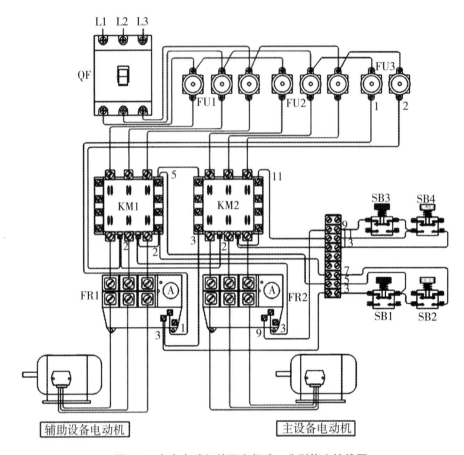

图 6.3　多台电动机的顺序起动、分别停止接线图

顺序起动、分别停止控制电路是指在一个设备起动之后另一个设备才能起动运行的控制方法,常用于主、辅设备之间的控制。如图 6.3 所示,当辅助设备的接触器 KM1 起动之后,主要设备的接触器 KM2 才能起动,主设备 KM2 不停止,辅助设备 KM1 也不能停止。但当辅助设备在运行中因某原因停止运行(如 FR1 动作)时,主要设备也会随之停止运行。

连接好电路,进行排查故障无误后进行如下操作步骤:

(1)合上开关刀使线路引入电源。

(2)按下辅助设备控制按钮 SB2,接触器 KM1 线圈得电吸合,主触点闭合辅助设备运行,并且 KM1 辅助常开触点闭合实现自保。

(3)按下主设备控制按钮 SB4,接触器 KM2 线圈得电吸合,主触点闭合主电机开始运行,并且 KM2 的辅助常开触点闭合实现自保。

(4)KM2 的另一个辅助常开触点将 SB1 短接,使 SB1 失去控制作用,无法先停止辅助设备 KM1。

(5)停止时只有先按下 SB3 按钮,使 KM2 线圈失电,辅助触点复位(触点断开),SB1 按钮才起作用。

(6)主电机的过流保护由 FR2 热继电器来完成。

(7)辅助设备的过流保护由 FR1 热继电器来完成，但 FR1 动作后控制电路全断电，主、辅设备全停止运行。

四、实验内容及要求

(1)检查各电器元件的质量情况，了解其使用方法。

(2)按图 6.3 连接多台电动机的顺序起动，分别停止控制的电气控制线路。先连接主电路，再连接控制回路。

(3)用万用表检查所连线路是否正确，自行检查无误后，经指导教师检查认可后合闸通电试验。

(4)操作和观察电动机的起动工作情况。

(5)操作和观察电动机的停止工作情况。

(6)若在实验中发生故障，应画出故障现象的原理图，分析故障原因并排除。

五、思考题

设计三台电动机的顺序起动、分别停止线路。

六、故障分析

(1)KM1 不能实现自锁。

分析处理：

①KM1 的辅助触点接错，接成常闭触点，KM1 吸合常闭断开，所以不能自锁。

②KM1 常开触点和 KM2 常闭触点位置接错，KM1 吸合时 KM2 还未吸合，KM2 的辅助常开触点是断开的，所以 KM1 不能自锁。

(2)不能顺序起动，KM2 可以先起动。

分析处理：

KM2 先起动说明 KM2 的控制电路有电，检查 FR2 有电，这可能是 FR2 触点上的 7 号线错接到了 FR1 上的 3 号线位置上，这就使得 KM2 不受 KM1 控制而可以直接起动。

(3)不能顺序停止，KM1 能先停止。

分析处理：

KM1 能停止这说明 SB1 起作用，并接的 KM2 常开触点没起作用，分析原因有两种：

①并接在 SB1 两端的 KM2 辅助常开触点未接。

②并接在 SB1 两端的 KM2 辅助触点接成了常闭触点。

(4)SB1 不能停止。

分析处理：

检查线路发现 KM1 接触器用了两个辅助常开触点，KM2 只用了一个辅助常开触点，SB1 两端并接的不是 KM2 的常开触点而是 KM1 的常开触点，由于 KM1 自锁后常开触点闭合，所以 SB1 不起作用。

七、实验报告要求

(1)根据实验要求设计实验电路。

(2)记录实验中发现的问题、错误、故障及解决方法。

(3)叙述本控制电路图的工作原理及设计思路。

任务3　多台电动机的顺序起动、逆序停止

一、实验目的

(1)了解按钮、中间继电器、接触器的结构、工作原理及使用方法。
(2)熟悉电气控制实验装置的结构及元器件分布。
(3)掌握电动机顺序起动、逆序停止的工作原理和接线方法。
(4)掌握电气控制线路的故障分析及排除方法。

二、实验仪器

实验仪器如表6-3所示。

表6-3　实验仪器

序号	使用设备名称	数量
1	熔断器	1
2	时间继电器(通电延时)	2
3	按钮	3
4	交流接触器	2
5	刀开关	1
6	三相异步电动机	2
7	万用表	1
8	电工工具及导线	若干

三、知识学习及操作步骤

图6.4所示为多台电动机的顺序起动、逆序停止接线图。

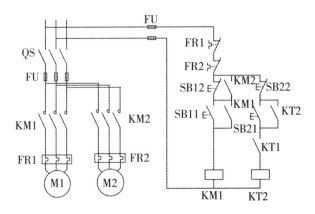

图6.4　多台电动机的顺序起动、逆序停止接线图

连接好电路，进行排查故障无误后进行如下操作步骤：

（1）合上开关 QS，使线路引入电源。

（2）按下 M1 电机的起动按钮 SB11，接触器 KM1 线圈得电吸合，主触点闭合辅助设备运行，并且 KM1 辅助常开触点闭合实现自保持，电动机 M1 开始工作。

（3）KM1 得电后常开触点闭合，按下 M2 电动机的起动按钮 SB21，接触器 KM2 线圈得电吸合，主触点闭合，并且 KM2 辅助常开触点闭合实现自保持，电动机 M2 也开始工作，实现了顺序起动。

（4）按下的电机 M2 停止按钮 SB22，切断 KM2 线圈的电源，电动机 M2 停止工作。按下电动机 M1 停止按钮 SB12，切断 KM1 线圈的电源，电动机 M1 停止工作。若 KM2 没有先失电，则 KM1 不能失电，因而实现了逆序停止。

（5）在电机工作时，有紧急情况需要快速停止电动机工作时，按急停按钮切断整个电路，就能使电动机即刻停止工作。

四、实验内容及要求

（1）检查各电器元件的质量情况，了解其使用方法。

（2）按图 6.4 连接多台电动机的顺序起动、逆序停止控制的电气控制线路。先连接主电路，再连接控制回路。

（3）用万用表检查所连线路是否正确，自行检查无误后，经指导教师检查认可后合闸通电试验。

（4）操作和观察电动机的起动工作情况。

（5）操作和观察电动机的停止工作情况。

（6）若在实验中发生故障，应画出故障现象的原理图，分析故障原因并排除。

五、思考题

（1）图 6.4 在设计中存在一些不妥之处，如何将其完善？

（2）如何设计两台以上的电动机顺序起动，逆序停止线路，独立完成一个两台电动机以上的设计。

六、实验报告要求

（1）记录实验中发现的问题、错误、故障及解决方法。

（2）叙述本控制电路图的工作原理及设计思路。

任务4 时间继电器控制下的多台电动机的顺序起动、逆序停止

一、实验目的

（1）了解按钮、中间继电器、接触器的结构、工作原理及使用方法。

（2）熟悉电气控制实验装置的结构及元器件分布。

（3）掌握时间继电器控制下的电动机顺序起动、逆序停止的工作原理和接线方法。

（4）掌握电气控制线路的故障分析及排除方法。

二、实验仪器

实验仪器如表6-4所示。

表6-4　实验仪器

序号	使用设备名称	数量
1	熔断器	1
2	时间继电器(通电延时)	2
3	按钮	3
4	交流接触器	2
5	刀开关	1
6	三相异步电动机	2
7	万用表	1
8	电工工具及导线	若干

三、知识学习及操作步骤

图6.5所示为时间继电器控制下的多台电动机的顺序起动逆序停止接线图。

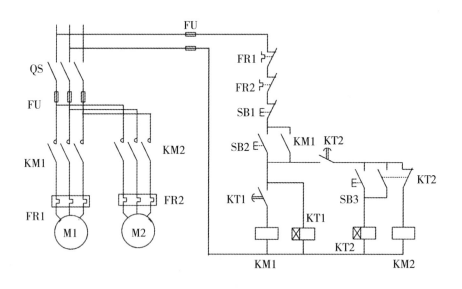

图6.5　时间继电器控制下的多台电动机的顺序起动、逆序停止接线图

连接好电路,进行排查故障无误后进行如下操作步骤:

(1)合上开关刀,使线路引入电源。

(2)按下起动按钮,接触器 KM1 线圈得电吸合,主触点闭合辅助设备运行,并且 KM1 辅助常开触点闭合,实现自保持,电动机 M1 开始工作,同时 KT1 线圈得电开始

工作。

（3）KT1 设置时间到达，KT1 常开触点变为闭合，接触器 KM2 线圈得电吸合，主触点闭合辅助设备运行，并且 KM2 辅助常开触点闭合，实现自保持，电动机 M2 也开始工作。

（4）按下停止按钮，KT2 线圈得电，开始工作，辅助触点 1-3、1-4 动作，1-3 闭合实现自保持，1-4 断开，切断 KM2 线圈得电，电动机 M2 停止工作。

（5）当 KT2 预设时间到达，KT2 常闭触点断开，切断 KM1 线圈得电，电动机 M1 停止工作。

（6）在电动机工作时，有紧急情况需要快速停止电动机工作时，按急停按钮切断整个电路，就能使电机即刻停止工作。

四、实验内容及要求

（1）检查各电器元件的质量情况，了解其使用方法。

（2）按图 6.5 连接多台电动机的顺序起动，逆序停止控制的电气控制线路。先连接主电路，再连接控制回路。

（3）用万用表检查所连线路是否正确，自行检查无误后，再经指导教师检查认可后合闸通电试验。

（4）操作和观察电动机的起动工作情况。

（5）操作和观察电动机的停止工作情况。

（6）若在实验中发生故障，应画出故障现象的原理图，分析故障原因并排除。

五、思考题

（1）图 6.5 在设计中存在一些不妥之处，如何将其完善？

（2）如何设计时间继电器控制下的两台以上的电动机顺序起动、逆序停止线路，独立完成一个两台电机以上的设计。

六、实验报告要求

（1）记录实验中发现的问题、错误、故障及解决方法。

（2）叙述本控制电路图的工作原理及设计思路。

项目七　电动机的降压起动

任务 1 Y-△降压起动控制线路

一、实验目的

1. 学习降压起动及常用的降压起动的方法。
2. 掌握电动机的星形接法。
3. 掌握电动机的三角形接法。
4. 掌握电动机的 Y-△降压起动。

二、实验仪器

实验仪器如表 7-1 所示。

表 7-1 实验仪器

序号	使用设备名称	数量
1	熔断器	5
2	热继电器	1
3	按钮	2
4	交流接触器	3
5	时间继电器	1
6	三相异步电动机	1
7	万用表	1
8	电工工具及导线	若干

三、实验线路与原理

降压起动是指电动机在起动时降低加在定子绕组上的电压，起动结束时再加额定电压运行的起动方式。降压起动虽然能降低电动机的起动电流，但由于电动机的转矩与电压的平方成正比，因此降压起动时电动机的转矩减小较多，故此法一般适用于电动机空载或轻载起动。Y-△降压起动是笼型异步电动机降压起动多种方法中的一种方法。

方法：起动时定子绕组接成 Y 形，运行时定子绕组则接成△形，对于运行时定子绕组为 Y 形的笼型异步电动机则不能用 Y-△起动方法。

Y-△降压起动时，对供电变压器造成冲击的起动电流是直接起动时的 1/3，起动时起动也是直接起动时的 1/3。

Y-△降压起动比定子串电抗器起动性能要好，可用于拖动 $T_L \leqslant \dfrac{T_{SY}}{1.1} = \dfrac{T_{S\triangle}}{1.1 \times 3} = 0.3\,T_S$ 的轻负载起动。

Y-△降压起动方法简单，价格便宜，因此在轻载起动条件下，应优先采用。我国采用 Y – △起动方法的电动机额定电压都是 380 V，绕组采用△接法。

电动机定子绕组 Y 连接时的电压为△接法的 $\frac{1}{\sqrt{3}}$，起动电流为△接法的 $\frac{1}{3}$，起动转矩也只有△接法的，适用于额定运行为△连接且容量较大的电动机。在起动时将定子绕组作 Y 连接，当转速升到一定值时，再改为△连接，可以达到降压起动的目的。这种起动方式称为三相异步电动机的 Y – △降压起动。

在理解按钮转换的 Y – △降压起动电路后，试设计由时间继电器控制的 Y – △降压起动电路，如图 7.1 所示。

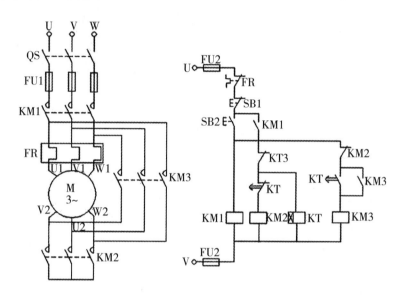

图 7.1　时间继电器控制的 Y – △降压起动电路

按下起动按钮 SB2，接触器 KM1 线圈得电，电动机 M 接入电源。同时，时间继电器 KT 及接触器 KM2 线圈得电。

接触器 KM2 线圈得电，其常开主触点闭合，电动机 M 定子绕组在星形连接下运行。KM2 的常闭辅助触点断开，保证了接触器 KM3 不得电。

时间继电器 KT 的常开触点延时闭合；常闭触点延时继开，切断 KM2 线圈电源，其主触点断开而常闭辅助触点闭合。

接触器 KM3 线圈得电，其主触点闭合，使电动机 M 由星形起动切换为三角形运行。

停车：按下按钮，SB1 辅助电路断电，各接触器释放，电动机断电停车。

线路在 KM2 与 KM3 之间设有辅助触点联锁，防止它们同时动作造成短路；此外，线路转入三角形连接运行后，KM3 的常闭触点分断，切除时间继电器 KT、接触器 KM2，避免 KT、KM2 线圈长时间运行而空耗电能，延长其寿命。

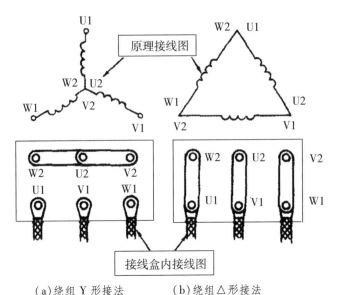

（a）绕组 Y 形接法　　　（b）绕组△形接法

图 7.2　接线盒内部接线图

三相鼠笼式异步电动机采用 Y－△降压起动的优点在于：定子绕组星形接法时，起动电压为直接采用三角形接法时的 1/3，起动电流为三角形接法时的 1/3，因而起动电流特性好，线路较简单，投资少。其缺点是起动转矩也相应下降为三角形接法的 1/3，转矩特性差。所以该线路适用于轻载或空载起动的场合。另外应注意，Y－△连接时要注意其旋转方向的一致性。

四、实验内容及要求

（1）检查各电器元件的质量情况，了解其使用方法。

（2）按图 7.1 连接长动与点动联锁控制的电气控制线路。先连接主电路，再连接控制回路。

（3）用万用表检查所连线路是否正确，自行检查无误后，经指导教师检查认可后合闸通电试验。

（4）了解时间继电器的使用方法及工作原理。

（5）理解由星形接法变为三角形接法为什么能够降压起动。

（6）若在实验中发生故障，应画出故障现象的原理图，分析故障原因并排除。

五、思考题

（1）分析三个接触器控制的 Y－△降压起动控制线路的工作原理。

（2）分析 Y－△降压起动控制线路特点及适用场合。

（3）常用的降压起动的方法有哪些？

（4）试设计按钮转换的 Y－△降压起动电路。

六、实验报告要求

（1）根据实验要求画出按钮转换的 Y－△降压起动电路。

（2）标明实验电路所用的器件型号。

（3）记录实验中发现的问题、错误、故障及解决方法。

任务2　定子绕组串接电阻降压起动控制线路

笼型异步电动机除 Y - △降压起动外，还可以定子串接电抗器或电阻进行降压起动、自耦变压器（起动补偿器）降压起动、延边三角形降压起动。

定子绕组串接电阻降压起动是指，在电动机起动时，把电阻串联在电动机定子绕组与电源之间，通过电阻的分压作用，来降低定子绕组上的起动电压；待起动后，再将电阻短接，使电动机在额定电压下正常运行。这种降压起动控制线路有手动控制、接触器控制、时间继电器控制和手动自动混合控制等四种形式。

一、实验目的

能通过安装的线路实现定子绕组串接电阻降压起动控制。

二、实验仪器

实验仪器如表7-2所示。

表7-2　实验仪器

序号	使用设备名称	数量
1	熔断器	3
2	热继电器	1
3	按钮	2
4	交流接触器	2
5	刀开关	1
6	三相异步电动机	1
7	万用表	1
8	通电延时时间继电器	1
9	电工工具及导线	若干

三、知识学习及操作步骤

图7.3所示为定子绕组串接电阻降压起动控制线路图。

（1）合上 QS，引入电源。

（2）串电阻起动：按下按钮 SB2→KM1 线圈得电→KM1 主触头闭合，电动机串电阻起动→KM1 动合触点闭合→实现自锁→KT 线圈得电，通电延时。

（3）全压运行。

当达到 KT 的整定时间时，其动合延时触点闭合→KM2 线圈得电→KM2 的常开主触点闭合将 R 短接，电机全压运转。

（4）停止：按下按钮 SB1，电动机停止运行。

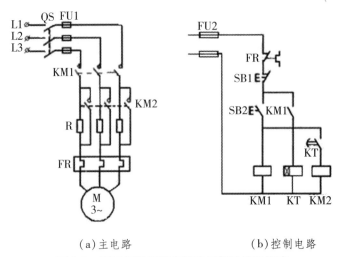

（a）主电路　　　　　　（b）控制电路

图 7.3　定子绕组串接电阻降压起动控制线路

四、实验内容及要求

（1）检查各电器元件的质量情况，理解原理图的设计。

（2）按图 7.3 连接定子绕组串接电阻降压起动控制的电气控制线路。先连接主电路，再连接控制回路。

（3）用万用表检查所连线路是否正确，自行检查无误后，经指导教师检查认可后合闸通电试验。

（4）操作和观察降压起动的工作情况。

（5）若在实验中发生故障，应画出故障现象的原理图，分析故障原因并排除。

五、思考题

（1）为什么要降压起动？定子绕组串接电阻降压起动的优点是什么？

（2）图 7.3 有一个缺点，这个缺点是什么？要如何改善？

六、实验报告要求

（1）回答思考题。

（2）标明实验电路所用的器件型号。

（3）记录实验中发现的问题、错误、故障及其解决方法。

任务 3　自耦变压器降压起动控制线路及延边三角形降压起动

一、实验目的

（1）了解自耦变压器降压起动的条件。

（2）熟悉自耦变压器降压起动的控制工作原理。

（3）掌握自耦变压器降压起动控制线路的安装和调试。

（4）理解延边三角形降压起动的原理。

二、实验仪器

实验仪器如表7-3所示。

表7-3　实验仪器

序号	使用设备名称	数量
1	熔断器	3
2	时间继电器	2
3	按钮	2
4	交流接触器	2
5	刀开关	1
6	三相异步电动机	1
7	万用表	1
8	热继电器	1
9	电工工具及导线	若干

三、知识学习及操作步骤

图7.4所示为时间继电器控制的自耦变压器降压起动线路。

自耦变压器降压起动是利用自耦变压器来降低加在电动机三相定子绕组上的电压，达到限制起动电流的目的。在自耦变压器降压起动时，将电源电压加在自耦变压器的高压绕组，而电动机的定子绕组与自耦变压器的低压绕组连接。当电动机起动后，将自耦变压器切除，电动机定子绕组直接与电源连接，在全电压下运行。

线路工作过程如下：

合上电源开关。

（1）降压起动：按下按钮SB2后，KA线圈得电，KA自锁触头闭合自锁，KT线圈得电，KM2线圈得电。

KM2主触头闭合，KM2联锁触头分断对KM1联锁。电动机M接入，TM降压起动。

（2）全压运转：当电动机转速上升到接近额定转速时，KT延时结束，KT常闭触头先分断，KM2线圈失电，KM2常闭辅助触头分断对KM1联锁，KT常开触头后闭合，KM1线圈得电，KM1自锁触头闭合自锁，KM1主触头闭合，电动机M接成△全压运行。

（3）按下SB1按钮停止。

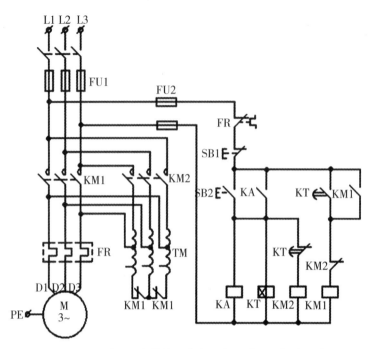

图7.4　时间继电器控制的自耦变压器降压起动线路

笼型异步电动机降压起动除以上方法外，还有延边三角形降压起动。

方法：起动时电动机定子接成延边三角形，如图7.5(a)所示。起动结束后定子绕组改为三角形接法，如图7.5(b)所示。

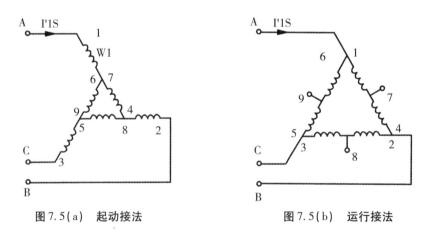

图7.5(a)　起动接法　　　　　　　　图7.5(b)　运行接法

如果将延边三角形看成一部分为Y形接法，另一部分为△形接法，则Y形部分比重越大起动时电压降得越多。由分析和试验可知，当Y形和△形的抽头比例为1:1时，电动机每相电压是264 V；抽头比例为1:2时，每相绕组的电压为290 V。可见，可采用不同的抽头比例来满足不同负载特性的要求。

延边三角形降压起动的优点是节省金属、重量轻；缺点是内部接线复杂。

四、实验内容及要求

（1）检查各电器元件的质量情况，理解原理图的设计。

（2）用万用表检查所连线路是否正确，自行检查无误后，经指导教师检查认可后合闸通电试验。

（3）操作降压起动和观察降压起动的工作情况。

（4）若在实验中发生故障，应画出故障现象的原理图，分析故障原因并排除故障。

五、思考题

（1）按下起动按钮 SB1，KM1 不吸合，这是什么原因？

（2）按下起动按钮 SB1，时间继电器能吸合，但不能自保是什么原因？

六、实验报告要求

（1）回答思考题。

（2）标明实验电路所用的器件型号。

（3）记录实验中发现的问题、错误、故障及其解决方法。

任务4　其他改善笼型异步电动机起动性能的方法

一、实验目的

（1）认识其他改善笼型异步电动机起动性能的方法。

（2）理解"集肤效应"。

二、实验仪器

实验仪器如表7－4所示。

表7－4　实验仪器

序号	使用设备名称	数量
1	深槽式异步电动机	1
2	双笼式异步电动机	1

三、知识学习及操作步骤

从笼型异步电动机的起动情况来看，若采用全压起动，则起动电流过大，既影响电网电压，又不利于电动机本身。若采用降压起动，虽然可以减小起动电流，但起动转矩也相应减小。由式 $T = \dfrac{3p}{2\pi f_1} U_1^2 \dfrac{\dfrac{r'_2}{s}}{\left(r_1 + \dfrac{r'_2}{s}\right)^2 + (x_1 + x'_2)^2}$ 可知，若适当增大转子电阻，就可以在一定范围内提高起动转矩、减小起动电流。为此，人们通过改进鼠笼结构，利用"集肤效应"来实现转子电阻的自动调节，即起动时电阻较大，正常运转时电阻变小，以达到改善起动性能的目的。具有这种改善起动性能的笼型异步电动机有深槽式和双笼式两种。

1. 深槽式异步电动机

这种电动机的转子槽做得又深又窄，如图7.6(a)所示。当转子绕组有电流时，槽中漏磁通的分布越靠底边，导体所链的漏磁通越多，槽漏抗越大。

在电机起动时，转子频率高$(f_2 = f_1)$，漏抗在阻抗中占主要部分。这时，转子电流的分布基本上与漏抗成反比，电流密度j沿槽高h的分布如图7.6(b)分所示，其效果犹如导体有效高度及截面积的缩小，增大了转子电阻r'_2，因而可以增大起动转矩，改善电动机的起动性能。在频率较高时，电流主要分布在转子的上部，这种现象称之为"集肤效应"。

电机正常运转时，转子电流频率很小，相应漏抗减小。这时导体中电流分配主要取决于电阻，且电流分布均匀，集肤效应消失，转子电阻减小，于是深槽式电动机获得了与普通笼型电动机相近的运行特性。但深槽式电动机由于槽狭而深，故正常工作时漏抗较大，导致电动机功率因数、过载能力稍有降低。

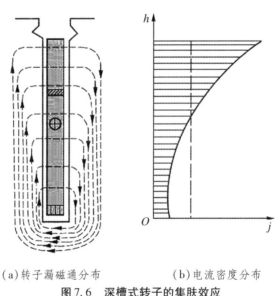

(a)转子漏磁通分布　　　　　(b)电流密度分布

图7.6　深槽式转子的集肤效应

2. 双笼式异步电动机

双笼式电动机的结构特点是转子铁芯上有两套分开的短路绕组。在转子外表的槽内放置着由黄铜或青铜材料制造的导条与端环组成的外笼，其截面较小、电阻较大；而内层则放置着由紫铜材料制造的导条与端环组成的内笼，其截面较大、电阻较小。转子槽形结构如图7.7(a)所示。若内外笼都用铸铝，可采用不同槽形截面来取得不同的阻值，即外笼截面小、电阻较大，内笼截面大、电阻较小，如图7.7(b)所示。

电动机起动时，转子电流频率高，漏抗大于电阻，内笼电抗大，电流集肤效应明显，使转子有效截面积减小、电阻变大，可产生较大的起动转矩。因起动时外笼起主要作用，故称其为起动笼。

正常运转时，转子电流频率很低，此时漏抗很小，外、内笼电流分配取绝于它们的电阻。因外笼电阻大，于是电流大部分在内笼流过，产生正常运行时的转矩，所以把内笼称为运行笼。

双笼式电动机起动性能比深槽式电动机的好。与一般电动机相比，由于它的工作绕组位于转子铁芯深处，漏感抗较大，因而功率因数和过载能力都比较低。

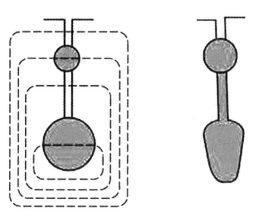

（a）不同铜材的双笼　　　　（b）不同截面的双笼

图7.7　双笼式异步电动机的绕组

四、实验内容及要求

（1）提前预习，在上课时能够更好地理解。

（2）注意理解"集肤效应"及如何由"集肤效应"达到改善性能的目的。

五、思考题

说明深槽式异步电动机和双笼式异步电动机结构上的差异及设计目的。

六、实验报告要求

回答思考题。

任务5　绕线式异步电动机起动控制与实现

一、实验目的

认识绕线式异步电动机改善起动性能的方法及控制。

二、实验仪器

实验仪器如表7-5所示。

表 7 – 5   实验仪器

使用设备名称	数量
绕线式异步电动机	1

三、知识学习及操作步骤

绕线式异步电动机改善起动性能的方法是，电机起动时在转子回路中串入电阻器或频敏变阻器。由人为机械特性可知，这样可以在降低起动电流的同时提高起动转矩。

1. **转子串接电阻器起动**

（1）方法：电机起动时，在转子电路串接起动电阻器，借以提高起动转矩；同时，因转子电阻增大也限制了起动电流。起动结束后，切除转子所串电阻。

为了在整个起动过程中得到比较大的起动转矩，一般需分三级切除起动电阻，故称为三级起动。在整个起动过程中，产生的转矩都是比较大的，适合于重载起动，广泛用于桥式起重机、卷扬机、龙门吊车等重载设备。其缺点是所需起动设备较多，起动时有一部分能量消耗在起动电阻上，起动级数也较少。

图 7.8 中，KM4 为电源接触器，KM1 ～ KM3 为短接转子电阻接触器：KI1、KI2、KI3 为电流继电器，其线圈串接在电动机转子电路中，这三个继电器的吸合电流都是一样的，但释放电流不一样。其中，KI1 的释放电流最大，KI2 次之，KI3 最小。

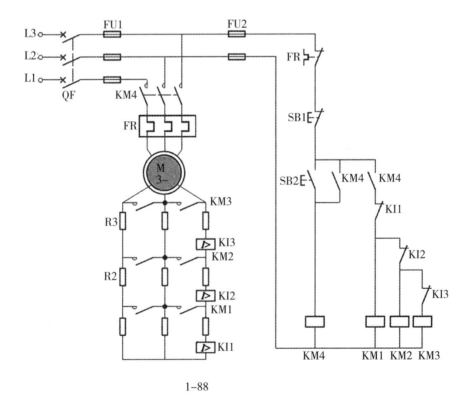

1–88

图 7.8   绕线式异步电动机转子串电阻起动控制电气原理图

（2）线路工作过程：合上电源开关 QF，按下按钮 SB1，KM4 线圈得电，KM4 主触点闭合，电动机转子串电阻起动，刚起动时起动电流很大，KI1～KI3 都吸合，所以它们的动合触点断开，这时接触器 KM2～KM4 均不动作，电阻全部接入。当电动机转速升高后电流减小，KI1 首先释放，它的动合触点闭合，接触器 KM1 线圈通电，短接第一段转子电阻 R_1；随着转速升高，电流逐渐下降，使 KI2 释放，接触器 KM2 线圈通电，短接第二段起动电阻 R_2，如此下去，直到将转子全部电阻短接，电动机起动完毕。

停止时按下按钮 SB1，控制电路断电，各接触器均释放，电动机停止运行。

试设计，利用时间原则实现转子串电阻起动控制。

图 7.9 所示为时间原则控制转子串电阻起动控制电路，其主电路与图 7.8 相同，KM4 为电源接触器，KM1～KM3 为短接转子电阻接触器，KT1～KT3 为起动时间继电器，自动控制电阻短接。

利用时间原则控制线路的工作过程：按下按钮 SB2，KM4 线圈得电，KM4 主触点闭合，电动机转子串电阻起动。然后，依靠 KT1、KT2、KT3 三只时间继电器和 KM1、KM2、KM3 三只接触器的相互配合来完成电阻的逐段切除，电阻切除完毕，起动结束。线路中只有 KM3、KM4 长期通电，而 KT1、KT2、KT3、KM1、KM2 五只线圈的通电时间均被压缩到最低限度。这样做一方面是节省了电能，另一方面是延长了它们的使用寿命。

利用时间原则控制线路存在两个问题：时间继电器一旦损坏，线路将无法实现电动机的正常起动和运行；电阻的分段切除是利用时间继电器实现的，时间继电器是依靠经验来设定时间的，而利用电流继电器控制的起动电路是直接依据电路中电流的递减来逐段切除电阻的，其起动平滑性会更好。

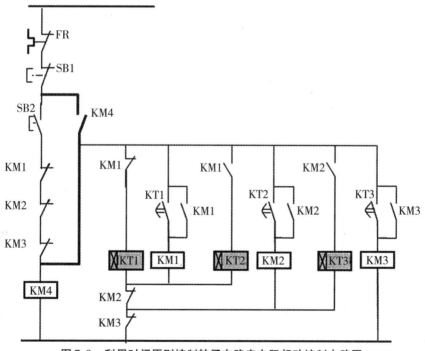

图 7.9　利用时间原则控制转子电路串电阻起动控制电路图

2. 转子串频敏变阻器起动

频敏变阻器的结构特点：它是一个三相铁芯线圈，其铁芯不用硅钢片而用厚钢板叠成，铁芯中产生涡流损耗和一部分磁滞损耗。铁芯损耗相当于一个等值电阻，其线圈又是一个电抗，故电阻和电抗都随频率的下降而变小，因此称其为频敏变阻器。它与绕线式异步电动机的转子绕组相接，如图 7.10 所示。

方法：起动时接入频敏变阻器。起动时频敏变阻器的铁芯损耗大，等效电阻大，既限制了起动电流、增大了起动转矩，又提高了转子回路的功率因数。随着转速的升高，频率减小，铁芯损耗和等效电阻也随之减小，相当于逐渐切除转子电路所串的电阻。起动结束后基本不起作用，可以予以切除。频敏变阻器起动结构简单、运行可靠，但与转子串电阻起动相比，在同样的起动电流下，起动转矩要小些。

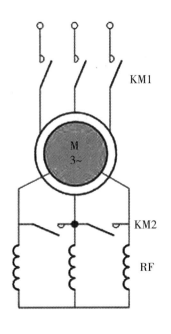

图 7.10　频敏变阻器的等效电路及其与电动机的连接图

四、实验内容及要求

（1）提前预习，在上课时能够更好地理解。

（2）注意理解电流继电器在实际中的运用。

（3）认识频敏变阻器的结构特点及原理。

五、思考题

阐述利用时间原则控制绕线式异步电机转子串电阻起动的弊端。

六、实验报告要求

回答思考题。

项目八　电动机的制动

电动机在起动、调速和反转运行时有一个共同的特点，即电动机的电磁转矩和电动机旋转方向相同，此时，我们称电动机处于电动运行状态。三相异步电动机还有一类运行状态被称为制动，其制动方法主要有两类：机械制动和电气制动。

1. 机械制动

机械制动是利用机械装置使电动机从电源切断后迅速停转。它的结构有多种形式，应用较普遍的是电磁抱闸，又称为制动电磁铁。它主要用于起重机械上吊重物时，使重物能迅速而又准确地停留在某一位置。制动电磁铁主要由线圈、衔铁、闸瓦和闸轮组成，如图 8.1 所示。其工作原理如下：电磁线圈一般与电动机的定子绕组并联，在电动机接通电源的同时电磁铁线圈也通电，其衔铁被吸引，利用电磁力把制动闸瓦松开，电动机可以自由转动；当电动机被切断电源时，电磁铁的线圈也断电，其衔铁被释放，制动闸在弹簧的作用下，抱紧装在电动机轴上的制动轮，获得快速而准确地停车。制动电磁铁使用三相交流电源，制动力矩较大，工作平稳可靠，制动时无自振。电磁铁线圈连接方式与电动机定子绕组连接方式相同，有三角形连接和星形连接。

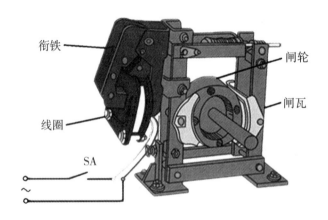

图 8.1　机械制动装置

2. 电气制动

电气制动使异步电动机所产生的电磁转矩 T 和电动机转子转速 n 的方向相反。电气制动通常可分为能耗制动、反接制动和回馈制动三类。

1）能耗制动

方法：将运行着的异步电动机的定子绕组从三相交流电源上断开后立即接到直流电源上。这种方法是将转子的动能转变为电能，消耗在转子回路的电阻上，所以称为能耗制动。

对于采用能耗制动的异步电动机，既要求其具有较大的制动转矩，又要求定、转子回路中电流不能太大而使绕组过热。根据经验，能耗制动时直流励磁电流对笼型异步电动机取 $(4 \sim 5)I_0$，对绕线式异步电动机取 $(2 \sim 3)I_0$，制动所串电阻 $r = (0.2 \sim 0.4)\dfrac{E_{2N}}{\sqrt{3}I_{2N}}$。

能耗制动的优点是制动力强、制动较平稳，缺点是需要一套专门的直流电源供制动使用。

2）反接制动

反接制动分为电源反接制动和倒拉反接制动两种

（1）电源反接制动的方法：改变电动机定子绕组与电源的连接相序。电源的相序改变，旋转磁场立即反转，而使转子绕组中感应电动势、电流和电磁转矩都改变方向，因机械惯性，转子转向未变，电磁转矩与转子的转向相反，电动机进行制动，称为电源反接制动。反接制动的关键在于电动机电源相序的改变，且当转速下降接近于零时，能自动将电源切除。为此，需采用速度继电器来自动检测电动机的速度变化。

（2）倒拉反接制动的方法：当绕线式异步电动机拖动位能负载时，在其转子回路串入了很大的电阻，在位能负载的作用下，使电动机逆电磁转矩方向运转。这是由于重物倒拉引起的，所以称为倒拉反接制动（或称倒拉反接运行）。绕线式异步电动机倒拉反接制动常用于起重机低速下放重物。

3）回馈制动

方法：电动机在外力（如起重机下放重物）作用下，其转速超过旋转磁场的同步转速，转矩方向与转子转向相反，为制动转矩。此时电动机将机械能转变为电能馈送给电网，所以称为回馈制动。为了限制下放速度，转子回路不应串入过大的电阻。

任务 1　电动机的机械制动

电动机断开电源后，利用机械装置产生的反作用力矩使电动机迅速停转的方法叫作机械制动。

机械制动常用的方法有电磁抱闸制动器制动和电磁离合器制动。

一、实验目的

（1）进一步学习电动机制动的方法。

（2）熟悉电磁抱闸制动器、电磁离合器制动器。

（3）分析电磁抱闸制动器制动控制线路的构成和工作原理，并能进行正确的安装、调试与检修。

二、实验仪器

实验仪器如表 8 - 1 所示。

表 8 - 1　实验仪器

序号	使用设备名称	数量
1	按钮	2
2	交流接触器	2
3	刀开关	1
4	三相异步电动机	1

续表 8 - 1

序号	使用设备名称	数量
5	万用表	1
6	交流单相制动电磁铁	1
7	电磁抱闸制动器	1
8	断电制动型电磁离合器	1
9	电工工具及导线	若干

三、实验内容及步骤

电动机接通电源，电磁抱闸线圈得电，衔铁吸合，克服弹簧的拉力使制动器的闸瓦与闸轮分开，电动机正常运转。断开开关或接触器，电动机失电，同时电磁抱闸线圈失电，衔铁在弹簧拉力作用下与铁芯分开，并使制动器的闸瓦紧紧抱住闸轮，电动机被制动而停转。

电磁抱闸制动器必须与电动机一起安装在固定的底座或座墩上，其地脚螺栓必须拧紧，且有放松措施。电动机轴伸出端上的制动闸轮，必须与闸瓦制动器的抱闸机构在同一平面上，而且轴心要一致。

电磁抱闸制动器安装后，必须在切断电源的情况下先进行粗调，然后在通电试车时再进行微调。粗调时以在断电状态下用外力转不动电动机的转轴，而当用外力将制动电磁铁吸合后，电动机转轴能自由转动为合格；微调时以在通电带负载运行状态下，电动机转动自如，闸瓦与闸轮不摩擦、不过热，断电时又能立即制动为合格。

图 8.2 所示为电磁抱闸制动器断电制动控制电路图，图 8.3 所示为电磁抱闸制动器通电制动控制。

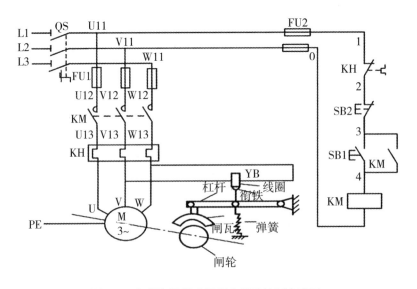

图 8.2　电磁抱闸制动器断电制动控制电路图

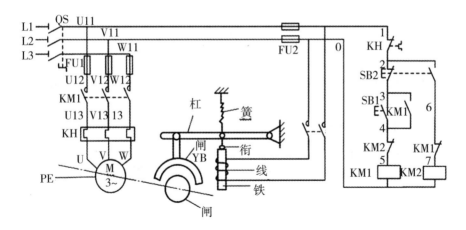

图 8.3 电磁抱闸制动器通电制动控制

(1)将空气开关 QS 手柄置于"关"位置。

(2)按图 8.2、图 8.3 连接线路。

(3)经老师检查后方可通电。

(4)合上空气开关 QS,按下起动按钮 SB2,使电动机起动。

(5)实验结束后,切断电源(断开 QS),再拆线,并将实验器材整理好。

四、实验内容及要求

(1)检查各电器元件的质量情况,了解其使用方法。

(2)先连接主电路,再连接控制回路。

(3)用万用表检查所连线路是否正确,自行检查无误后,经指导教师检查认可后合闸通电试验。

(4)操作电动机,并观察电动机的能耗制动工作情况。

(5)若在实验中发生故障,应画出故障现象的原理图,分析故障原因并排除。

五、思考题

电磁抱闸制动的特点是什么?

六、实验报告要求

(1)根据实验记录实验现象。

(2)标明实验电路所用的器件型号。

(3)记录实验中发现的问题、错误、故障及解决方法。

任务2　电动机的反接制动

反接制动是电机的一种制动方式，它通过反接相序，使电机产生起阻滞作用的反转矩，以便制动电机。

一、实验目的

(1)进一步学习电动机的制动方法。

(2)掌握反接制动控制线路的工作原理，学会速度继电器的使用方法。

二、实验仪器

实验仪器如表8-2所示。

表8-2　实验仪器

序号	使用设备名称	数量
1	按钮	2
2	交流接触器	2
3	刀开关	1
4	三相异步电动机	1
5	万用表	1
6	速度继电器	1
7	制动电阻200 Ω/100 W	3
8	电工工具及导线	若干

三、实验内容及步骤

反接制动是利用改变电动机电源的相序，使定子绕组产生相反方向的旋转磁场，因而产生制动转矩的一种制动方法。通常仅使用于10 kW以下的小容量电动机。为了减小冲击电流，在电动机主电路中串接一定的电阻，以限制反接制动电流，这个电阻称为反接制动电阻。

在主回路中，一台三相交流电动机和速度继电器同轴安装，速度继电器的型号为JY-1型。按下按钮SB1时，电动机开始转动，当速度大于100 r/min时，速度继电器的触点开始动作；按下制动按钮SB2后，电动机加上反向磁场，使电动机速度瞬间下降，当转速接近零时，速度继电器的触点开始释放，电动机很快停止转动。反接制动控制线路如图8.4所示。在图8.1中，KS为速度继电器，R为反接制动限流电阻。

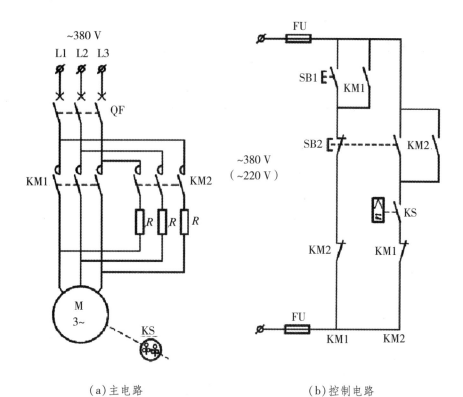

（a）主电路　　　　　　　　　　　　（b）控制电路

图 8.4　电动机反接制动控制线路图

（1）将空气开关 QF 手柄置于"关"位置。

（2）按图 8.4 接线。

（3）实验中电动机采用星形接法。

（4）经老师检查后方可通电。

（5）合上空气开关 QF，按下起动按钮 SB1，使电动机转动。

（6）按下按钮 SB2，观看制动效果。如无制动效果，就将电源切断，重新换一组速度继电器的动合触电，再试一次。

（7）实验结束，切断电源（断开 QF），再拆线，并将实验器材整理好。

四、实验内容及要求

（1）检查各电器元件的质量情况，了解其使用方法。

（2）按图 8.4 连接长动与点动联锁控制的电气控制线路。先连接主电路，再连接控制回路。

（3）用万用表检查所连线路是否正确，自行检查无误后，经指导教师检查认可后合闸通电试验。

（4）操作电动机，并观察电动机的制动工作情况。

（5）若在实验中发生故障，应画出故障现象的原理图，分析故障原因并排除。

五、思考题

（1）在按下制动按钮 SB2 时，如不按到底会出现什么情况？

（2）如要设计一个可逆的反接制动控制线路，需要几台速度继电器？

六、实验报告要求

（1）根据实验要求画出实验电路。
（2）标明实验电路所用的器件型号。
（3）记录实验中发现的问题、错误、故障及解决方法。

任务3　电动机的能耗制动

一、实验目的

（1）通过实验进一步理解三相鼠笼式异步电动机的能耗制动原理。
（2）增强实际连接控制电路的操作能力。

二、实验仪器

实验仪器如表8-3所示。

表8-3　实验仪器

序号	使用设备名称	数量
1	断路器	1
2	熔断器	5
3	按钮	1
4	交流接触器	2
5	变压器	1
6	三相异步电动机（WDJ16）	1
7	万用表	1
8	热继电器	1
9	时间继电器	1
10	整流桥堆	1
11	制动电阻	3
12	滑动变阻器	1
13	电工工具及导线	若干

三、实验线路与原理

（1）三相鼠笼式异步电动机实现能耗制动的方法是：在三相定子绕组断开三相交流电源后，在两相定子绕组中通入直流电，以建立一个恒定的磁场。转子的惯性转动因切割这个恒定磁场而产生感应电流，此电流与恒定磁场作用，产生制动转矩而使电动机迅速停车。

（2）在自动控制系统中，通常采用时间继电器，按时间原则进行制动过程的控制。可根据所需的制动停车时间来调整时间继电器的时延，以使电动机刚一制动停车，就使接触器释放，切断直流电源。

（3）能耗制动的强弱与进程，与通入直流电流的大小和电动机的转速有关，在同样的转速下，电流越大，制动作用就越强烈，一般直流电流取值为空载电流的 3~5 倍为宜。

图 8.5 所示为能耗制动电路原理图。

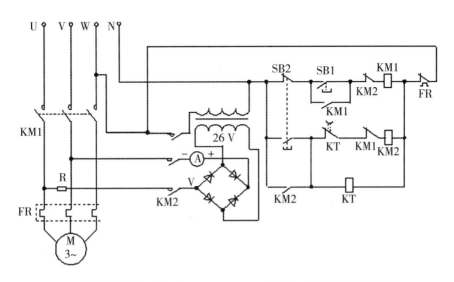

（a）能耗制动主电路部分　　　　　　（b）能耗制动控制电路部分

图 8.5　能耗制动电路原理图

四、实验内容及要求

（1）三相鼠笼式异步电动机按△接法连接，实验线路电源连接三相电压输出端（U、V、W）。初步整定时间继电器的时延，可先设置得大一些（5~10 s）。本实验中，能耗制动电阻 R 为 10 Ω。

（2）按图 8.5 接线，并用万用电表检查线路连接是否正确。

（3）自由停车操作。先断开整流电源（如拔去接在 V 相上的整流电源线），按下按钮 SB1，使电动机起动运转，待电动机运转稳定后，按下按钮 SB2，用秒表记录电动机的自由停车时间。

（4）制动停车操作。接上整流电源（即插回接通 V 相的整流电源线）

①按下按钮 SB1，使电动机起动运转，待运转稳定后，按下按钮 SB2，观察并记录电动机从按下按钮 SB2 起至电动机停止运转的能耗制动时间 t_Z 及时间继电器延时释放时间 t_F，一般应使 $t_F > t_Z$。

②重新整定时间继电器的时延，使 $t_F = t_Z$，即电动机一旦停转便自动切断直流电源。

（5）注意事项：接好线路后必须经过严格检查，绝不允许同时接通交流和直流两组电源，即不允许 KM1、KM2 同时得电。

五、思考题

(1)为什么交流电源和直流电源不允许同时接入电机定子绕组？

(2)电动机制动停车需在两相定子绕组中通入直流电，若通入单相交流电，能否起到制动作用？为什么？

六、实验报告要求

(1)回答思考题。

(2)记录实验中发现的问题、错误、故障及解决方法。

项目九 直流电动机的应用

任务1 直流电动机的认识及工作原理
任务2 直流他励电动机的机械特性及回馈制动

任务1　直流电动机的认识及工作原理

一、实验目的

（1）理解直流电动机的工作原理。

（2）了解直流电动机的结构及分类。

二、实验仪器

实验仪器如表9-1所示。

表9-1　实验仪器

使用设备名称	数量
直流电动机	1

三、知识学习及操作步骤

通过学习，了解直流电动机，掌握直流电动机工作原理与特点。

1. 直流电动机的工作原理

图9.1所示是一台最简单的直流电动机的模型。图中N和S是一对固定的磁极，可以是电磁铁，也可以是永久磁铁。磁极之间有一个可以转动的铁质圆柱体，称为电枢铁芯。铁芯表面固定一个用绝缘导体构成的电枢线圈abcd，线圈的两端分别接到相互绝缘的两个弧形铜片E和F上，铜片称为换向片，它们的组合体称为换向器。换向器固定在转轴上且与转轴绝缘。在换向器上放置固定不动而与换向片滑动接触的电刷A和B。线圈abcd通过换向器和电刷接通外电路。

直流电动机工作时接于直流电源上，如A刷接电源负极，B刷接电源正极，则电流从B刷流入，流经线圈abcd，由A刷流出。图9.1所示的直流电动机，在S极下的导体ab中的电流是由a到b；在N极下的导体cd中的电流的方向是由c到d。由电磁力定律可知，载流导体所受的磁场力，其方向可由左手定则判定。导体ab受力的方向向上，导体cd受力的方向向下。两个电磁力对转轴所形成的电磁转矩为顺时针方向，电磁转矩使电枢按顺时针方向旋转。

当线圈转过180°，换向片E转至与A刷接触时，换向片F转至与B刷接触。电流由正极经换向片F流入，导体cd中电流由d流向c，

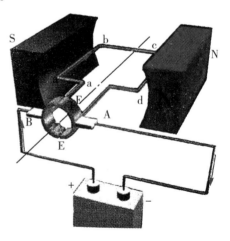

图9.1　直流电动机的工作原理图

导体ab中电流由b流向a，由换向片E经A流回负极。用左手定则判定，电磁转矩仍为顺时针方向，这样电动机就沿一个方向连续地旋转下去。

由此可知，给励磁绕组通入直流电产生恒定的磁场，给电枢绕组加上直流电，根据左手定则电枢中会产生电磁力，从而产生转矩开始转动。由于电枢绕组通过换向器和电刷相连，电枢绕组在转动的过程中能保证电枢绕组中流过的电流方向是交变的，而每一极性下的导体中的电流方向始终不变，因而产生单方向的电磁转矩，使电枢始终向一个方向旋转。这就是直流电动机的基本工作原理。

一台直流电动机在原则上既可作为发电机运行，也可以作为电动机运行，只是外界条件不同而已。在直流电动机的电刷上加直流电源，将电能转换成机械能，是作为电动机运行；若用原动机拖动直流电动机的电枢旋转，将机械能变换成电能，从电刷引出直流电动势，则作为发电机运行。同一台电动机，既可作为电动机运行又可作为发电机运行的原理，在电机理论中称为可逆原理。但在实际应用中，一般只作一个方面使用。

2. 直流电动机的结构

从直流电动机的基本工作原理可知，直流电动机的磁极和电枢之间必须有相对运动，因此，任何电动机都由固定不动的定子和旋转的转子两部分组成，这两部分之间的间隙称为气隙。直流电动机的结构如图 9.2、图 9.3 和图 9.4 所示。图 9.3 是直流电动机的轴向剖面图，图 9.4 是直流电动机的径向剖面图。

下面分别介绍直流电动机各部分的构成。

直流电动机的结构由定子和转子两大部分组成。

直流电动机运行时静止不动的部分称为定子，其主要作用是产生磁场，由机座、主磁极、换向极、端盖、轴承和电刷装置等组成。

转子绕组　转子铁芯　定子绕组

图 9.2　直流电动机的结构拆解图

直流电动机运行时转动的部分称为转子，其主要作用是产生电磁转矩或感应电动势，是直流电动机进行能量转换的枢纽，所以通常又称为电枢，由转轴、电枢铁芯、电枢绕组、换向器和风扇等组成。

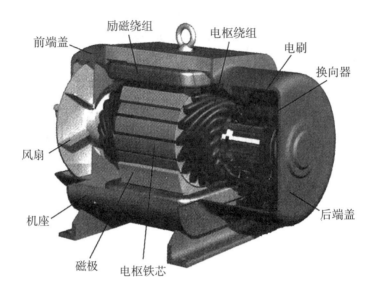

图9.3　直流电动机的轴向剖面图

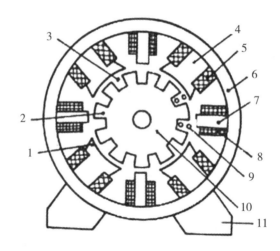

1—极靴；2—电枢齿；3—电枢槽；4—主磁极；5—励磁绕组；6—机座（磁轭）；7—换向极；
8—换向极绕组；9—电枢绕组；10—电枢铁芯；11—底脚

图9.4　直流电动机的正剖面图

1)定子

定子的作用是产生磁场和作为电动机的机械支撑，它包括主磁极、换向极、机座、端盖、轴承、电刷装置等，如图9.5所示。

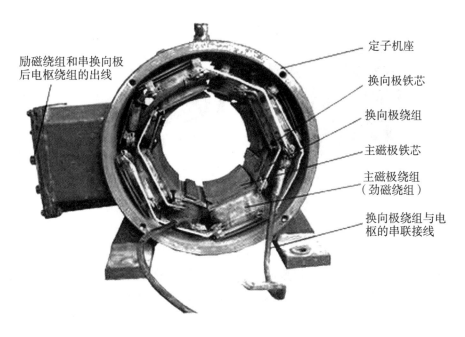

励磁绕组和串换向极
后电枢绕组的出线

定子机座

换向极铁芯

换向极绕组

主磁极铁芯

主磁极绕组
（劲磁绕组）

换向极绕组与电
枢的串联接线

图 9.5　直流电动机的定子

（1）机座。机座一般由铸钢或厚钢板焊接而成。它用来固定主磁极、换向极及端盖，借助底脚将电动机固定在机座上。机座还是磁路的一部分，用以通过磁通的部分称为磁轭。

（2）主磁极。主磁极的作用是产生主磁通。除个别小型直流电动机采用永久磁铁外，一般直流机的主磁极由主磁极铁芯和励磁绕组组成。主磁极铁芯一般由 1 ~ 1.5 mm 厚的钢板冲片叠压紧固而成。为了改善气隙磁通量的密度，主磁极靠近电枢表面的极靴较极身宽，磁绕组由绝缘铜线绕制而成。直流电动机中的主磁极总是成对存在的，相邻主磁极的极性按 N 极和 S 极交替排列。改变励磁电流的方向，就可改变主磁极的极性，也就改变了磁场方向。

（3）换向极。在两个相邻的主磁极之间的中性面内有一个小磁极，这就是换向极。它的构造与主磁极相似，由铁芯和绕组构成。中小容量直流电动机的换向极铁芯是用整块钢制成的，大容量直流电动机和换向要求高的电动机的换向极铁芯用薄钢片叠成。因通过的电流大、导线截面较大、匝数较少，换向极绕组要与电枢绕组串联。换向极的作用是产生附加磁场，改善电动机的换向，减少电刷与换向器之间的火花。

（4）电刷装置。电刷装置由电刷、刷握、压紧弹簧和刷杆座等组成，如图 9.6 所示。电刷是用碳、石墨等制成的导电块，电刷装在刷握的刷盒内，用压紧弹簧把它压紧在换向器表面。压紧弹簧的压力可以调整，保证电刷与换向器表面有良好的滑动接触。刷握固定在刷杆上，刷杆装在刷杆座上，彼此之间都绝缘。刷杆座装在端盖或轴承盖上，位置可以移动，用以调整电刷位置。电刷数一般等于主磁极数，各同极性的电刷经软线汇在一起，再引接到接线盒的接线板上。电刷的作用是使外电路与电刷绕组接通。

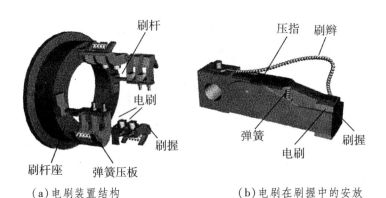

（a）电刷装置结构　　　　　　　（b）电刷在刷握中的安放

图9.6　电刷装置结构

2）转子

转子又称电枢，是用来产生感应电动势，实现能量转换的关键部分。它包括电枢铁芯、电枢绕组、换向器、转轴、风扇等，结构如图9.7所示。

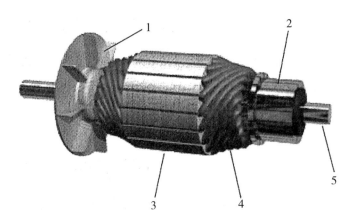

1—风扇；2—换向器；3—电枢铁芯；4—电枢绕组；5—转轴

图9.7　直流电动机的电枢

（1）电枢铁芯。电枢铁芯一般用0.5 mm厚的涂有绝缘层的硅钢片冲叠而成，这样铁芯在主磁场中运动时可以减少磁滞和涡流损耗。铁芯表面有均匀分布的齿和槽，槽中嵌放电枢绕组。电枢铁芯也是磁的通路，固定在转子支架或转轴上。

（2）电枢绕组。电枢绕组是用绝缘铜线绕制而成的线圈（也称元件），按一定规律嵌放到电枢铁芯槽中，并与换向器作相应的连接。电枢绕组是电动机的核心部件，电动机工作时，在其中产生感应电动势和电磁转矩，实现能量的转换。

（3）换向器。它是由许多带有燕尾的楔形铜片组成的一个圆筒，铜片之间放置云母片绝缘，用套筒、V形环和螺母紧固成一个整体。电枢绕组中不同线圈上的两个端头接在一个换向片上。金属套筒式换向器如图9.8所示。换向器的作用是与电刷一起转换电枢电流方向，使每一个磁极下导体电流的方向一致。

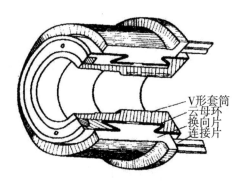

图9.8　金属套筒式换向器剖面图

3. 直流电动机的分类

根据上述结构特点,以直流电动机为例,按励磁绕组在电路中的连接方式可分为(即励磁方式)他励、并励、串励和复励四种。直流电动机按励磁分类的接线图如图9.9所示。

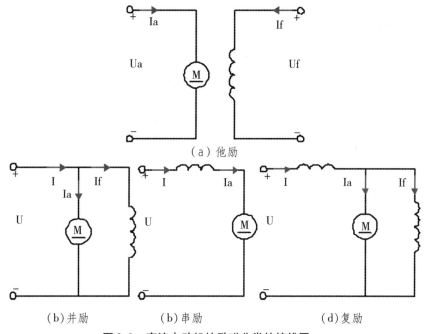

图9.9　直流电动机按励磁分类的接线图

(1)他励电动机:励磁绕组和电枢绕组分别由不同的直流电源供电,如图9.9(a)所示。

(2)并励电动机:励磁绕组和电枢绕组并联,由同一直流电源供电,如图9.9(b)所示。由图可知,并励电动机从电源输入的电流 I 等于电枢电流 I_a 与励磁电流 I_f 之和,即 $I = I_a + I_f$。

(3)串励电动机:励磁绕组和电枢绕组串联后接于直流电源,如图9.9(c)所示。由图可知,串励电动机从电源输入的电流与电枢电流和励磁电流是同一电流,即 $I = I_a = I_f$。

(4)复励电动机：有并励和串励两个绕组，它们分别与电枢绕组并联和串联，如图9.9(d)所示。

直流电动机励磁方式的不同，使得它们的特性有很大差异，因而能满足不同生产机械的要求。

直流发电机的分类与此类同，只是在示意图中要注意各项参数的方向，可自行分析。

4. 直流电动机的名牌数据

凡表征电动机额定运行情况的各种数据称为额定值。额定值一般都标注在电动机的铭牌上，所以也称为铭牌数据，它是正确合理使用电动机的依据。

直流电动机的额定数据主要有：

额定电压 $U_N(V)$：在额定情况下，电刷两端输出（发电机）或输入（电动机）的电压。

额定电流 $I_N(A)$：在额定情况下，允许电机长期流出或流入的电流。

额定功率(额定容量)$P_N(kW)$：电动机在额定情况下，允许输出的功率。对于发电机，是指向负载输出的电功率，即

$$P_N = U_N I_N \qquad (9-1)$$

对于电动机，是指电动机轴上输出的机械功率，即

$$P_N = U_N I_N \eta_N \qquad (9-2)$$

额定转速 $\eta_N(r/min)$：在额定功率、额定电压、额定电流时电动机的转速。

额定效率 η_N：输出功率与输入功率之比，称为电机的额定效率，即

$$\eta_N = \frac{输出功率}{输入功率} \times 100\% = \frac{P_2}{P_1} \times 100\% \qquad (9-3)$$

电动机在实际运行时，由于负载的变化，往往不总是在额定状态下运行的。电动机在接近额定的状态下运行，才是经济的。

四、实验内容及要求

(1)在实验前预习要用到的内容，在实验时能够更好地理解。

(2)在观察实验器材时，注意轻拿轻放，防止仪器损坏。

(3)注意区分变压器各组成部分，认清它们的用途。

(4)在学习变压器的工作原理时，要结合图、公式、理论一起理解才能更透彻。

(5)在计算前，先理清计算思路，再进行计算。

五、思考题

生活中有哪些地方运用到了直流电动机？举例说明。

六、实验报告要求

(1)根据要求画出原理接线图。

(2)标明实验电路所用的器件型号。

(3)记录实验中发现的问题、错误、故障及解决方法。

任务2　直流他励电动机的机械特性及回馈制动

一、实验目的

(1)掌握直流他励电动机的启停接线。

(2)掌握直流他励电动机的回馈制动特性。

二、实验设备

实验设备如表9-2所示。

表9-2　实验设备

序号	型号	数量	备注
1	PMT01 电源控制屏	1	
2	PMT-02 晶闸管主电路	1	
3	PWD-17 可调电阻器	1	
4	PWD-18 单相调压与可调负载	1	
5	DJ15 直流电动机	1	
6	DJ13-1 直流发电机	1	

三、实验内容与步骤

图9.10所示为他励直流电动机机械特性的测定线路。

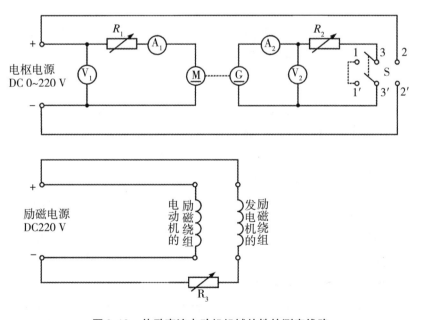

图9.10　他励直流电动机机械特性的测定线路

1. 他励直流电动机机械特性的测试

(1)按图 9.10 连接线路，图中励磁电源、直流电压表 V_1、直流电流表 A_1 的数值在 PMT01 电源控制屏上得到，直流电压表 V_2、直流电流表 A_2 数值在 PMT－02 上得到，电枢电源由 PWD－18 挂件单相调压及整流滤波电路提供；R_1 用 450 Ω/0.82 A 的可调电阻(接 A_1、A_3 两端，A_1、A_2 两端用导线短接)，R_2 用 PWD－17 上的 2250 Ω 的可调电阻(两个 900 Ω 并联之后再与两个 900 Ω 串联)，R_3 暂不连接，开关 S 左边的 1－1′端用导线短接。

(2)通电源前，R_1 与 R_2 调到最大阻值位置(即 R_1 旋钮逆时针旋到底，使 R_1 阻值为 450 Ω，R_2 的两只旋钮也逆时针旋到底，使 R_2 阻值为 1800 Ω+450 Ω=2250 Ω)。开关 S 合向左边 1－1′端。

(3)合上励磁电源开关，并调节电枢电压，使 $U=U_N=220$ V，电动机起动后转向应符合正转向要求，调节 R_1 阻值，使之为最小值。

(4)调节发电动机的输出电流，即减小 R_2 阻值(为保护可调电阻不过流烧坏，应先减小 1800 Ω/0.41 A 的串联阻值，直至最小，并用导线短接 A_2、A_1，再调节 450 Ω/0.82 A 的并联阻值)直至电动机的电枢电流为 $I_a=I_{aN}=0.8$ A，其间取 5~6 组数据，并记录电动机不同电枢电流及对应的不同转速值。

2. 他励直流电动机回馈制动的测试

(1)按图 9.10 连接线路，但图中 R_2 不接，R_3 用 3600 Ω/0.41 A 的可调电阻(4 个 900 Ω 串联)，开关 S 左边的 1－1′短接线拆掉。

(2)通电前，R_1 阻值调至 450 Ω(旋钮逆时针旋到底)，R_3 置最小值(两只旋钮顺时针旋到底)，开关 S 合向左边开路位置。

(3)合上励磁电源，电动机起动后电枢电压仍调至 220 V。

(4)调节 R_1 阻值，使 $R_1=0$ Ω，观察发电机输出电压值是否和电枢电压值接近并且极性是否相同(即开关 S 的 3 端是否和 2 端同为"+"端)，若电压值接近、极性相同，则可把开关 S 合向右边 2－2′电枢电源端。

(5)逐渐增大 R_3 阻值，使电动机的转速增加，当电动机运行在理想空载转速时，该电动机电枢电流表 A_1 为零，继续增大 R_3 阻值，使实际转速超过理想空载转速，此时电枢的电动势 E_a 将大于电枢电源电压 U，从而进入发电机运行状态，此时电磁转矩 T 由原来的驱动转矩变为制动转矩(回馈制动)，继续增大 R_3 阻值，直至电枢电流为 -0.6 A，其间取 5~6 组数据并记录不同电枢电流及对应的转速值。

直流电动机的电磁转矩可由下式求取

$$T_{em} = \frac{P_{em}}{\Omega} = \frac{60P_{em}}{2\pi n} \tag{9-4}$$

式中，电动机运行时的 $P_{em}=UI_a-I_a^2R_a$；回馈制动时的 $P_{em}=UI_a+I_a^2R_a$。

四、实验内容及要求

(1)在实验前预习要用到的内容，在实验时能够更好地理解；

(2)在观察实验器材时，注意轻拿轻放，防止仪器损坏。

(3)注意区分变压器各组成部分，认清它们的用途。

(4)在学习变压器的工作原理时，要结合图、公式、理论一起理解才能更透彻。

(5)在计算前，先理解计算思路，再进行计算。

五、思考题

生活中有哪些地方运用到了直流他励电机的回馈制动？举例说明。

六、实验报告要求

(1)根据要求画出原理接线图。

(2)标明实验电路所用的器件型号。

(3)记录实验中发现的问题、错误、故障及解决方法。

项目十 特种电动机的应用

任务 1　步进电动机的认识及实验

一、实验目的

（1）了解步进电动机的工作原理。

（2）通过实验，加深对步进电动机的驱动电源和电动机工作情况的了解。

（3）掌握步进电动机基本特性的测定方法。

二、实验仪器

实验仪器如表 10 – 1 所示。

表 10 – 1　实验仪器

序号	型号	名称	数量	备注
1	PMT01	电源控制屏	1 件	
2	HK54	步进电动机控制箱	1 件	
3	BSZ – 1	步进电动机	1 件	
4	DD03 – 3	电动机导轨	1 件	
5		双踪示波器	1 台	

三、知识学习及操作步骤

1. 步进电动机的认识

随着控制技术的发展，所以特种电动机的应用越来越广，特别是步进电动机，被广泛用于数字控制系统中，如数控机床、自动记录仪表、数 – 模变换装置、线切割机等。在认识步进电动机结构的基础上分析其工作原理、通电方式及应用范围等。

步进电动机是将电脉冲信号转换成角位移和线位移的执行元件。每输入一个电脉冲，电动机就移动一步，因此，也称为脉冲式同步电动机。

步进电动机可分为反应式、永磁式和感应式几种。下面以常用的反应式步进电动机为例进行分析。

1）反应式步进电动机的结构和工作原理

反应式步进电动机的定子为硅钢片叠成的凸极式，极身上套有控制绕组。定子相数 m 可以是 2、3、4、5、6 相，每相有一对磁极，分别位于内圆直径的两端。转子为软磁材料的叠片叠成。转子外圆为凸出的齿状，均匀分布在转子外圆四周，转子中并无绕组。

图 10.1 是三相反应式步进电动机的外观和剖面图。图 10.2 是一台三相六极反应式步进电动机模型，定子磁极分别是 AA′、BB′、CC′。转子上没有控制绕组，只由 4 个凸齿构成。

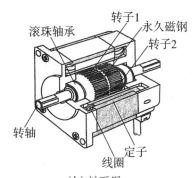

（a）外观图　　　　　　　　　　　　　（b）剖面图

图 10.1　三相反应式步进电动机的外观和剖面图

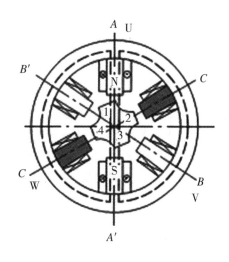

　　工作时，步进电动机的控制绕组不直接接到单相或三相的正弦交流电源上，也不能简单地和直流电源接通。它受电脉冲信号的控制，使用一种叫环形分配器的电子开关器件，通过功率放大后，使控制绕组按规定顺序轮流接通直流电源。例如，当 U 相绕组与直流电源接通时，在 U 相磁极建立磁场，由于转子力图以磁路磁导最大的方向来取向，即让转子 1、3 齿与定子 U 相磁极齿对齐，使定子磁场的磁力线收缩为最短。这时如果断开 U 相绕组而使 V 相绕组与直流电源接通，那么转子便按逆时针方向转过 30°，即让转子 2、4 齿与定子 V 相磁极齿对齐。依此类推，靠电子开关按 U—V—W—U 顺序接通各相控制绕组，转子就会步进地转起

图 10.2　三相反应式步进电动机原理图

来，所以称为步进电动机。我们将转子每次转过的角度称为步距角，用 θ_b 表示。

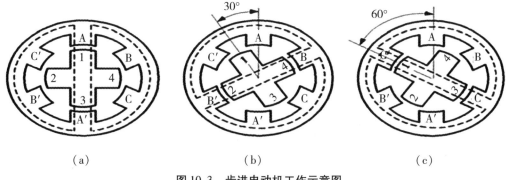

（a）　　　　　　　　　　　（b）　　　　　　　　　　　（c）

图 10.3　步进电动机工作示意图

2）反应式步进电动机的通电方式——拍

"拍"，指通电方式每改变一次，即为一拍。例如，三拍就是通电方式在循序变化

周内改变了三次。"单"指每次只有一相通。上面例子的通电顺序为 U—V—W—U，称为三相单三拍。如果每次有两相通电，则称为"双"。例如，三相双三拍的通电方式为 UV—VW—WU—UV。若将通电方式改为 U—UV—V—VW—W—WU—U，则称为三相六拍。不难理解，转子每一拍所转动的步距角 θ_b 除与转子齿数 Z_r 有关外，还与通电的拍数 N 有关。以机械角度表示为

$$\theta_b = \frac{360°}{Z_r N} \qquad (10-1)$$

3）反应式步进电动机的拖动

由上式可知，转子每转动一个步距角 θ_b，即转动了 $\frac{1}{Z_r N}$ 周。因此，步进电动机的转速 $n(\text{r/min})$ 为

$$n = \frac{60f}{Z_r N} \qquad (10-2)$$

式中，f 为控制电脉冲频率 Hz。

（1）调速。由式 $\theta_b = \frac{360°}{Z_r N}$ 可知，改变控制电脉冲频率 f，即可实现无级调速。

（2）反转。改变通电相序，即可实现反转。例如上述的三相六拍，通电方式改为 U—UW—W—WV—V—VU—U，电动机即反转。

（3）停车自锁。将控制电脉冲停止输入，并让最后一个脉冲控制的绕组继续通直流电，则可使电动机保持在固定位置上。

4）步进电动机的应用范围

（1）应用在电子计算机外围设备中，主要应用在光电阅读机、软盘驱动系统中。

（2）应用在数字程序控制机床的控制系统中。

（3）应用在点位控制的闭环控制系统中，主要用在数控机床上，为了及时掌握工作台实际运行情况，系统中装有位置检测反馈装置。

2. 步进电动机组件的使用说明及实验操作步骤

图 10.4 所示为基本实验电路的外部接线。

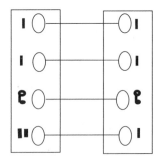

图 10.4　步进电动机实验接线图

1）单步运行状态

接通电源，将控制系统设置为单步运行状态，或复位后，按执行键，步进电动机

走一步距角，绕组相应的发光管发亮；再不断按执行键，步进电动机转子也不断作步进运动。改变电动机转向，电动机作反向步进运动。

2）角位移和脉冲数的关系

控制系统接通电源，设置好预置步数，按执行键，电动机运转，观察并记录电动机偏转角度；再重新设置另一置数值，按执行键，观察并记录电动机偏转角度于表 10 – 2、表 10 – 3 中，并利用公式计算电机偏转角度与实际值是否一致。

步数 = ＿＿＿＿＿＿步

表 10 – 2　实验数据表

序号	实际电机偏转角度	理论电机偏转角度
1		
2		

步数 = ＿＿＿＿＿＿步

表 10 – 3　实验数据表

序号	实际电机偏转角度	理论电机偏转角度
1		
2		

3）空载突跳频率的测定

控制系统设置为连续运行状态，按执行键，电动机连续运转后，调节速度调节旋钮，使频率提高至某频率（自动指示当前频率）。按设置键让步进电动机停转，再重新起动电动机（按执行键），观察电动机能否运行正常。如正常，则继续提高频率，直至电动机不失步起动的最高频率，则该频率为步进电动机的空载突跳频率，记为＿＿＿＿＿Hz。

4）空载最高连续工作频率的测定

步进电动机空载连续运转后，缓慢调节速度调节旋钮，使频率提高，仔细观察电动机是否不失步。如不失步，则再缓慢提高频率，直至电动机能连续运转的最高频率，则该频率为步进电动机空载最高连续工作频率，记为＿＿＿＿＿Hz。

5）转子振荡状态的观察

步进电动机空载连续运转后，调节并降低脉冲频率，直至步进电动机声音异常或出现电动机转子来回偏摆即为步进电动机的振荡状态。

6）定子绕组中电流和频率的关系

在步进电动机电源的输出端串接一只直流电流表（注意 + 、 – 端），使步进电动机连续运转，由低到高逐渐改变步进电动机的频率，读取并记录 5 ~ 6 组电流表的平均值、频率值于表 10 – 4 中，观察示波器波形，并作好记录。

表 10 - 4　实验数据表

项　目						
f/Hz						
I/A						

7）平均转速和脉冲频率的关系

接通电源，将控制系统设置为连续运行状态，再按执行键，电动机连续运转，改变速度调节旋钮，测量频率 f 与对应的转速 n，即 $n=f(f)$。记录 5～6 组数据于表 10 - 5 中。

表 10 - 5　实验数据表

项　目						
f/Hz						
$n/\mathrm{r\cdot min^{-1}}$						

8）矩频特性的测定

置步进电动机为逆时针转向，连接涡流测功机，控制电路工作于连续方式，设定频率后，使步进电动机起动运转，调节涡流测功机施加制动力矩，仔细测定对应设定频率的最大输出动态力矩（电机失步前的力矩）。改变频率，重复上述过程得到一组与频率 f 对应的转矩 T 值，即为步进电动机的矩频特性 $T=f(f)$。将实验数据记录于表 10 - 6 中。

表 10 - 6　实验数据表

项　目						
f/Hz						
$T/\mathrm{N\cdot cm}$						

9）静力矩特性 $T=f(I)$

关闭电源，控制电路工作于单步运行状态，将屏上的两只 90 Ω 电阻单独并接后再并接（阻值为 45 Ω，电流为 2.6 A），把可调电阻及一只 5 A 直流电流表串入 A 相绕组回路（注意 + 、 - 端），并使涡流测功机堵转。

接通电源，使 A 相绕组通过电流，缓慢旋转手柄，读取并记录弹簧秤的最大值，即为对应电流 I 的最大静力矩 $T_{\max}$ 值（ $T_{\max}=F\cdot\dfrac{D}{2}$ ），改变可调电阻，并使阻值逐渐增大，重复上述过程，可得到一组电流 I 值及对应 I 值的最大静力矩 $T_{\max}$ 值，即为 $T_{\max}=f(I)$ 静力矩特性。取 4～5 组数据记录于表 10 - 7 中。

表 10 - 7　实验数据表

项　目							
I/A							
$T_{max}/N \cdot cm$							

四、实验内容及要求

（1）检查各电器元件的质量情况，了解其使用方法。

（2）按步骤连接电路。

（3）用万用表检查所连线路是否正确，自行检查无误后，经指导教师检查认可后合闸通电试验。

（4）操作电动机和观察电动机的起动工作情况。

（5）观察电动机工作时的波形变化情况。

五、思考题

经过上述实验后，须根据照实验内容写出数据总结，并对电动机实验加以小结。

1. 步进电动机驱动系统各部分的功能和波形实验

（1）方波发生器。

（2）状态选择。

（3）各相绕组间的电流关系。

2. 步进电动机的特性

（1）单步运行状态：步矩角。

（2）角位移和脉冲数（步数）关系。

（3）空载突跳频率。

（4）空载最高连续工作频率。

（5）绕组电流的平均值与频率之间的关系。

（6）平均转速和脉冲频率的特性 $n = f(f)$。

（7）矩频特性 $T = f(f)$。

（8）最大静力矩特性 $T_{max} = f(I)$。

六、实验报告要求

（1）回答思考题。

（2）记录实验中发现的问题、错误、故障及解决方法。

（3）总结实验结论。

（4）有一台三相反应式步进电动机，采用三相六拍分配方式，转子齿数为 80 个，如控制脉冲的频率为 800 Hz。

①写出一个循环的通电顺序；

②求该步进电动机的步距角；

③求该步进电动机的转速。

任务2　伺服电动机的认识及实验

一、实验目的

(1)了解伺服电动机的工作原理。

(2)通过实验测出直流伺服电动机的参数 r_a、K_e、K_T。

(3)掌握直流伺服电动机的机械特性和调节特性的测量方法。

二、实验仪器

实验仪器如表10－8所示。

表10－8　实验仪器

序号	型号	名称	备注
1	PMT01	电源控制屏	
2	PMT－02	晶闸管主电路	
3	PWD－17	可调电阻器	
4	PWD－18	单相调压与可调负载	
5	DJ15	直流并励电动机	作直流伺服电动机
6	DJ13－1	直流发电机	
7	DD03－3	导轨、测速发电机及转速表	
8		记忆示波器	

三、实验内容及步骤

1. 伺服电动机的认识

伺服电动机被广泛应用在机床、印刷设备、包装设备、纺织设备、激光加工设备、机器人、自动化生产线等对工艺精度、加工效率和工作可靠性等要求相对较高的设备中。在认识交流伺服电动机结构的基础上，分析其工作原理和控制方式。

伺服电动机在自控系统中常被用作执行元件，即将输入的电信号转换为转轴上的机械传动，一般分为交流伺服电动机与直流伺服电动机。

1)交流伺服电动机的结构

交流伺服电动机的结构与两相异步电动机相同。它的定子铁芯上放置着空间位置相差90°电角度的两相分布绕组，一相为励磁绕组 L，另一相为控制绕组 K，如图10.5所示。两相绕组通电时，必须保持频率相同。

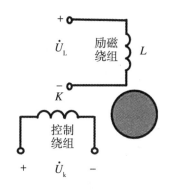

图10.5　交流伺服电动机的结构图

　　转子采用笼型转子。为了达到快速响应的特点，其笼型转子比普通异步电动机的转子细而长，以减小它的转动惯量。有时笼型转子还做成非磁性薄壁杯形，安放在外定子与内定子所形成的气隙中，如图10.6所示。杯形转子可以看成是由无数导条并联而成的笼型转子，因此工作原理与笼型转子相同。该电动机因气隙增大、励磁电流增大，故效率降低。

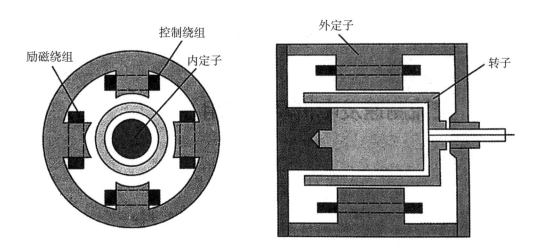

图10.6　薄壁杯形转子交流伺服电动机结构示意图

2）交流伺服电动机的工作原理

　　交流伺服电动机的工作原理与两相异步电动机的工作原理相同。但交流伺服电动机会出现"自转现象"。本来旋转着的交流伺服电动机，当控制信号电压 U_k 为零时，要求伺服电动机的转速相应为零。但是实际上，当控制电压为零时，因励磁绕组依然接通交变励磁电压，此时，电动机处于单相运行状态。由单相异步电动机的运行原理可知，电动机仍能继续运转，这就是"自转现象"。它将严重影响交流伺服电动机工作的准确等级。

　　消除"自转现象"的方法就是减少转子重量，增加转子回路的电阻值，采用高阻薄壁杯形转子即能实现。图 10.7 显示了转子回路电阻值高时，交流伺服电动机单相运行的机械特性。从图中可以看出，因转子回路电阻增加，由异步电动机的机械特性方程的特点可知，T_+ 和 T_- 的临界工作点 S_m 将分别由第 Ⅰ、Ⅲ 象限移至第 Ⅱ、Ⅳ 象限，从而使 $T_合$ 曲线工作在第 Ⅱ、Ⅳ 象限下，则 $T_合$ 与 n 转向相反，$T_合$ 对 n 起阻尼作用，使电动机停转，"自转现象"消除。

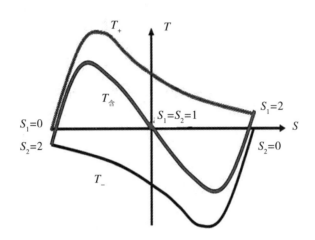

图 10.7　交流伺服电动机工作原理曲线图

3）交流伺服电动机的控制方法

改变交流伺服电动机控制电压的大小或改变控制电压与励磁电压之间的相位角，都能使电动机气隙中的正转磁场、反转磁场及合成转矩发生变化，因而达到改变伺服电动机转速的目的。

交流伺服电动机的控制方式有如下三种：

（1）幅值控制。

这种控制方式是通过调节控制电压的大小来调节电动机的转速，进而控制电压与励磁电压的相位保持 90° 不变。当控制电压 $U_k = 0$ 时，电动机停转，即 $n = 0$。

（2）相位控制。

这种控制方式是通过调节控制电压的相位（即调节控制电压与励磁电压之间的相位角 β）来改变电动机的转速，进而控制电压的幅值始终保持不变。当 $\beta = 0$ 时，电动机停转，$n = 0$。

（3）幅相控制。

幅相控制也称电容移相控制。这种控制方式是将励磁绕组串电容 C 后接到励磁电源 U_1 上。这种方法既可通过可变电容 C 来改变控制电压和励磁电压间的相位角 β，同时又可通过改变控制电压的大小来共同达到调速的目的。虽然这种控制方式的机械特性及调节特性的线性度不如上述两种方法，但它不需要复杂的移相装置，设备简单、成本低，所以它已成为自控系统中常用的一种控制方式。

2. 直流伺服电动机实验

1）用伏安法测直流伺服电动机电枢的直流电阻

（1）按图 10.8 连接线路，电枢电源由 PWD – 18 挂件单相调压及整流滤波电路提供，电阻 R 用 PWD – 17 上 2250 Ω 阻值，开关 S 在 PWD – 17 挂件上。

（2）经检查无误后接通电枢电源，并调至 220 V，合上开关 S，调节电阻 R，使电枢电流达到 0.2 A，迅速测取电动机电枢两端电压 U 和电流 I，再将电机轴分别旋转三分之一周和三分之二周。同样测取 U、I，记录于表 10 – 9 中，取三次的平均值作为实际冷态电阻。

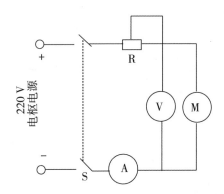

图 10.8　测电枢绕组直流电阻接线图

表 10 – 9　实验数据表

序号	U/V	I/A	R_a/Ω	R_{aref}/Ω
1				
2				
3				

（3）计算基准工作温度时的电枢电阻。

由实验直接测得电枢绕组电阻值，此值为实际冷态电阻值，冷态温度为室温，按下式换算到基准工作温度时的电枢绕组电阻值。

$$R_{aref} = R_a \frac{235 + \theta_{ref}}{235 + \theta_a}$$

式中：R_{aref}——换算到基准工作温度时电枢绕组电阻，Ω；

R_a——电枢绕组的实际冷态电阻，Ω；

θ_{ref}——基准工作温度，对于 E 级绝缘为 75℃；

θ_a——实际冷态时电枢绕组温度，℃。

2）测取直流伺服电动机的机械特性

（1）按图 10.9 连接线路，电枢电源由 PWD – 18 挂件单相调压及整流滤波电路提供，电阻 R 用 PWD – 17 上 2250 Ω 阻值，开关 S 在 PWD – 17 挂件上。

（2）先接通励磁电源，再接通电枢电源并调至 220 V。

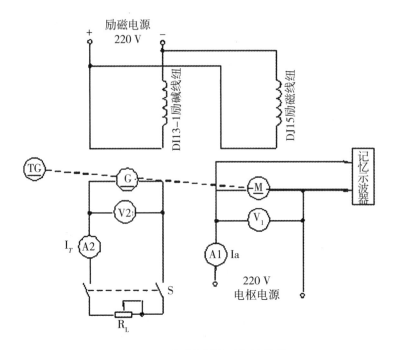

图 10.9 直流伺服电动机接线图

（3）合上开关 S，逐渐减小 R_L 的阻值（注：先调 1800 Ω 阻值，调到最小后用导线短接），使 $n = n_N = 1600$ r/min，$I_a = I_N = 1.2$ A，$U = U_N = 220$ V，此时电动机励磁电流为额定励磁电流。

（4）保持此额定电流不变，逐渐增加 R_L 阻值，从额定负载到空载（断开开关 S），测取其机械特性 $n = f(T)$，其中 T 可由 I_F 从校正曲线查出，记录 n、I_a、I_F 的 7 ~ 8 组数据于表 10 – 10 中。

表 10 – 10 实验数据表

$n/\mathrm{r \cdot min^{-1}}$								
I_a/A								
I_F/A								
$T/\mathrm{N \cdot m}$								

（5）调节电枢电压为 $U = 160$ V，保持电动机励磁电流为额定电流 $I_f = I_{fN}$，减小 R_L 阻值，使 $I_a = 1$ A，再增大 R_L 阻值，一直到空载，其间记录 7 ~ 8 组数据于表10 – 11中。

表 10 – 11　实验数据表

$n/\text{r}\cdot\text{min}^{-1}$								
I_a/A								
I_F/A								
$T/\text{N}\cdot\text{m}$								

（6）调节电枢电压为 $U = 110$ V，保持 $I_\text{f} = I_{\text{fN}}$ 不变，减小 R_L 阻值，使 $I_\text{a} = 0.8$ A，再增大 R_L 阻值，一直到空载，其间记录 7～8 组数据于表 10 – 12 中。

表 10 – 12　实验数据表

$n/\text{r}\cdot\text{min}^{-1}$								
I_a/A								
I_F/A								
$T/\text{N}\cdot\text{m}$								

3）测取直流伺服电动机的调节特性

（1）按 3）中（1）、（2）、（3）步骤起动电动机。调节 R_L，使电动机输出转矩为额定输出转矩时的 I_F 值并保持不变，即保持直流发电机输出电流为额定输出转矩时的电流值（额定输出转矩 $T_\text{N} = \dfrac{P_\text{N}}{0.105n_\text{N}}$），调节直流伺服电动机电枢电压，测取直流伺服电动机的调节特性 $n = f(U_\text{a})$，直到 $n = 100$ r/min，记录 7～8 组数据于表 10 – 13 中。

表 10 – 13　实验数据表

U_a/V							
$n/\text{r}\cdot\text{min}^{-1}$							

（2）保持电动机输出转矩 $T = 0.5T_\text{N}$，重复以上实验，记录 7～8 组数据于表 10 – 14 中。

表 10 – 14　实验数据表

U_a/V							
$n/\text{r}\cdot\text{min}$							

（3）保持电动机输出转矩 $T = 0$（即直流发电机与直流伺服电动机脱开，直流伺服电动机直接与测速发电机同轴连接），调节直流伺服电动机电枢电压，直至 $n = 0$ r/min，其间取 7～8 组数据记录于表 10 – 15 中。

U_a/V								
n/r·min^{-1}								

（4）测定空载始动电压和检查空载转速的不稳定性。

①空载始动电压。

起动电机，把电枢电压调至最小后，使电枢电压从零缓慢上升，直至转速开始连续转动，此时的电压即为空载始动电压。

②正、反向各作三次，取其平均值作为该电机始动电压，将数据记录于表 10 – 16 中。

$$I_f = I_{fN} = \underline{\qquad} \text{mA} \qquad T = 0$$

表 10 – 16   实验数据表

次数	1	2	3	平均
正向 U_a/V				
反向 U_a/V				

③正（反）转空载转速的不对称性。

$$正（反）转空载转速不对称性 = \frac{正（反）向空载转速 - 平均转速}{平均转速} \times 100\%$$

$$平均转速 = \frac{正向空载转速 - 反向空载转速}{2}$$

注：正（反）转空载转速的不对称性应≤3%。

（5）测量直流伺服电动机的机电时间常数。

按图 10.4 中右图连接线路，直流伺服电动机加额定励磁电流，用记忆示波器拍摄直流伺服电动机空载起动时的电流过渡过程，从而求得电动机的机电时间常数。

四、实验内容及要求

（1）检查各电器元件的质量情况，了解其使用方法。

（2）按图连接长动与点动联锁控制的电气控制线路。先连接主电路，再连接控制回路。

（3）用万用表检查所连线路是否正确，自行检查无误后，经指导教师检查认可后合闸通电实验。

（4）操作伺服电动机和观察其工作情况。

（5）若在实验中发生故障，应画出故障现象的原理图，分析故障原因并排除

五、思考题

（1）转矩常数 K_T 的计算现采用 $K_T = \dfrac{30}{\pi} K_e$，而没有采用公式 $K_T = \dfrac{T_K \times R_a}{U_a}$ 来求取，

这是为什么？用这两种方法所得之值是否相同？有差别时其原因是什么？

（2）若直流伺服电动机正（反）转速有差别，试分析其原因。

六、实验报告要求

（1）由实验数据求得电机参数：R_a、K_e、K_T

R_a——直流伺服电动机的电枢电阻；

K_e—— 电势常数，$K_e = \dfrac{U_{aN}}{n_0}$。

K_T—— 转矩常数，$K_T = \dfrac{30}{\pi} K_e$。

（2）由实验数据作出直流伺服电动机的 3 条机械特性曲线和 3 条调节特性曲线。

（3）求该直流伺服电动机的传递函数。

（4）回答思考题。

项目十一　机床电路的认识

任务 1　简单机床的认识

一、实验目的

(1)认识电动葫芦的结构、工作原理及电气原理图。

(2)认识普通 C620 - 1 型卧式车床的结构、工作原理及电气原理图。

(3)认识 M7120 型平面磨床的结构、工作原理及电气原理图。

(4)认识 Z35 型摇臂钻床的结构、工作原理及电气原理图。

二、实验仪器

实验仪品如表 11 -1 所示。

表 11 -1　实验仪器

序号	使用设备名称	数量
1	电动葫芦	1
2	普通 C620 - 1 型卧式车床	1
3	M7120 型平面磨床	1
4	Z35 型摇臂钻床	1

三、知识学习及操作步骤

1. 电动葫芦

电动葫芦是一种起重重量较小、结构简单的起重机械,被广泛应用于工矿企业中,进行小型设备的吊运、安装和修理工作。由于其体积小,占用厂房面积较少,使用起来灵活方便。

电动葫芦一般分为钢丝绳电动葫芦和环链电动葫芦两种。图 11.1 为 CD 型钢丝绳电动葫芦,它由提升机构和移动装置构成,并分别用电动机拖动。导轮的钢丝卷筒 4 由

图 11.1　CD 型钢丝绳电动葫芦

升降电动机 2 拖动。电动葫芦借用导轮的作用在工字钢梁上来回移动,导轮则由移动电动机 1 带动电动葫芦,用撞块和行程开关进行向上、向下、向左和向右的终端保护。图 11.2 所示为电动葫芦的电气原理图。

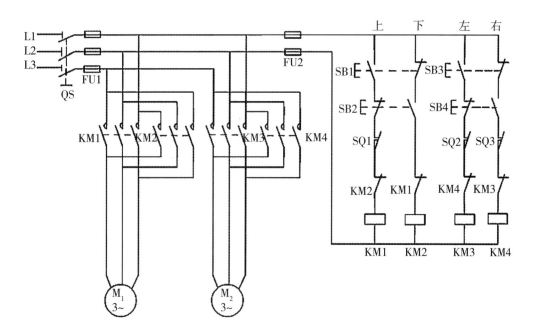

图 11.2　电动葫芦的电气原理图

2. 普通 C620 – 1 型卧式车床

车床主要用来加工各种回转表面,如内外圆柱面、圆锥表面、成形回转表面和回转体的端面等,有些车床还能加工螺纹。在车床上使用的刀具主要是车刀,有些车床还可使用各种孔加工工具,如钻头、镗刀、铰刀、丝锥、板牙等。

1)主要结构与型号含义

普通车床的型号含义如图 11.3 所示。

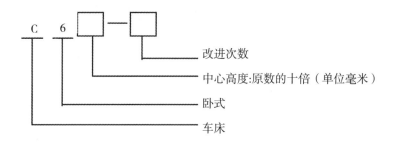

图 11.3　普通车床的型号含义

C620 – 1 型车床的结构如图 11.4 所示。它由床身、主轴变速箱、交换齿轮箱、进给箱、溜板箱、溜板与刀架、尾座、冷却装置、光杠、丝杠及照明装置等部分组成。

(1)床身。床身 9 是车床精度要求很高的带有导轨(山形导轨和平导轨)的一个大型基础部件。它支撑和连接车床的各个部件,并保证各部件在工作时有准确的相对位置。

(2)主轴变速箱(又称床头箱)。主轴变速箱 3 支撑并传动主轴带动工件作旋转主运动。箱内装有齿轮、轴等组成变速传动机构。变换主轴箱的手柄位置可使主轴得到多种转速。主轴通过卡盘等夹具装夹工件，并带动工件旋转，以实现车削。

（3）交换齿轮箱（又称挂轮箱）。交换齿轮箱 2 把主轴箱的转动传递给进给箱，更换箱内齿轮，配合进给箱内的变速机构；可以进行车削各种螺距螺纹（或蜗杆）的进给运动；满足车削时对不同纵、横向进给量的需求。

（4）进给箱（又称走刀箱）。进给箱 1 是进给传动系统的变速机构。它把交换齿轮箱传递过来的运动经过变速后传递给丝杠，以实现车削各种螺纹；传递给光杠，以实现机动进给。

（5）溜板箱。溜板箱 8 接受光杠或丝杠传递的运动以驱动床鞍和中、小滑板及刀架实现车刀的纵、横向进给运动。其上还装有一些手柄及按钮，可以很方便地操纵车床来选择诸如机动、手动、车螺纹及快速移动等运动方式。

（6）溜板与刀架。溜板与刀架 6 用于安装车刀并带动车刀作纵向或斜向运动。

（7）尾座。尾座 7 安装在床身导轨上，并沿此导轨纵向移动，以调整其工作位置。尾座主要用来安装后顶尖，以支撑较长工件；也可安装钻头、铰刀等进行孔加工。

（8）冷却装置。冷却装置主要通过冷却水泵将水箱中的切削液加压后喷射到切削区域，降低切削温度，冲走切屑，润滑加工表面，以提高刀具使用寿命和工件的表面加工质量。

1—进给箱；2—交换齿轮箱；3—主轴变速箱；4—光杠；5—丝杠；6—溜板与刀架；

7—尾座；8—溜板；9—床身。

图 11.4　C620 - 1 型卧式车床的结构示意图

图 11.5 所示为 C620 型卧式车床电气原理图。主电路中 M1 为主轴电动机；M2 为冷却泵电动机；在 M1 起动后才可以起动，具有顺序联锁关系。电动机 M1、M2 都为单方向旋转，由于它们容量都小于 10 kW，可采用全压起动。

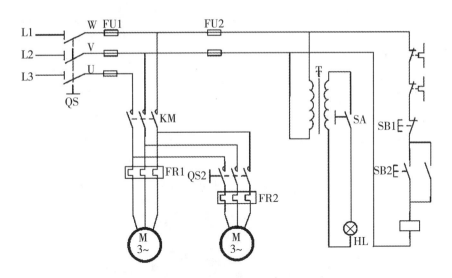

图 11.5　C620 型卧式车床电气原理图

合上电源开关 QS，按下起动按钮 SB2，接触器 KM 的线圈得电，使接触器 KM 的三对主触点闭合，主轴电动机 M1 起动运转。同时，接触器 KM 的一个辅助常开触点闭合，完成自锁，保证主轴电动机 M1 在松开起动按钮后能继续运转。电动机 M2 由转换开关 QS2 控制，确保 M2 与 M1 之间的顺序联锁关系。按下停止按钮 SB1，接触器 KM 线圈失电，KM 主触点断开，主轴电动机 M1 以及冷却泵电动机 M2 停车。

3. M7120 型平面磨床

磨床是用砂轮的端面或周边对工件的表面进行磨削加工的精密机床。通过磨削，使工件表面的形状、精度和光洁度等达到预期的要求。磨床的种类很多，按其工作性质可分为平面磨床、外圆磨床、内圆磨床、工具磨床以及一些专用磨床，如螺纹磨床、齿轮磨床、球面磨床、花键磨床、导轨磨床与无心磨床等，其中尤以平面磨床应用最为广泛。平面磨床根据工作台的形状和砂轮轴与工作台的关系又可分为卧轴矩台平面磨床、立轴矩台平面磨床、卧轴圆台平面磨床、立轴圆台平面磨床等。

1）主要结构及型号含义

平面磨床的型号含义如图 11.6 所示。

图 11.6　平面磨床的型号含义

M7120 型平面磨床是卧轴矩形工作台式，主要由床身、工作台、电磁吸盘、砂轮箱（又称磨头）、滑座和立柱等部分组成，如图 11.7 所示。

如图 11.7 所示，在箱形床身 1 中装有液压传动装置，工作台 3 通过活塞杆 2 由油压推动作往复运动，床身导轨有自动润滑装置进行润滑。工作台表面有 T 形槽，用以固定电磁吸盘，再由电磁吸盘来吸持加工工件。工作台的行程长度可通过调节装在工作台正面槽中的换向撞块 9 的位置来改变。换向撞块 9 是通过碰撞工作台往复运动换向手柄改变油路来实现工作台往复运动的。

在床身上固定有立柱 4，沿立柱 4 的导轨上装有滑座 5，砂轮箱 7 能沿其水平导轨移动。砂轮轴由装入式电动机直接拖动。在滑座内部往往也装有液压传动机构。

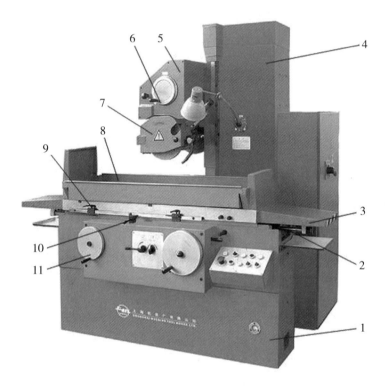

1—床身；2—活塞杆；3—工作台；4—立柱；5—滑座；6—砂轮箱横向移动手轮；7—砂轮箱；
8—电磁吸盘；9—工作台换向撞块；10—工作台往返运动换向手柄；11—砂轮箱垂直进刀手轮

图 11.7　卧轴矩台平面磨床外形图

滑座可在立柱导轨上作上下移动，并可由垂直进刀手轮 11 操作。砂轮箱的水平轴向移动可由横向移动手轮 6 操作，也可由液压传动作连续或间接移动，前者用于调节运动或修整砂轮，后者用于进给。

2）运动形式

矩形工作台平面磨床工作图如图 11.8 所示，砂轮的旋转运动是主运动。进给运动有垂直进给，即滑座在立柱上的上下运动；横向进给，即砂轮箱在滑座上的水平运动；纵向进给，即工作台沿床身的往复运动。工作台每完成一次往复运动，砂轮箱做一次间断性的横向进给，当加工完整个平面后，砂轮箱做一次间断性的垂直进给。辅助运动有工作台及砂轮架的快速移动等。

　　进给运动有垂直进给，即滑座在立柱上的上下运动；横向进给，即砂轮箱在滑座上的水平运动；纵向进给，即工作台沿床身的往复运动。

图 11.8　矩形工作台平面磨床工作台

　　3）M7120 型平面磨床电气控制原理图的组成及作用

　　如图 11.9 所示，可将电气控制原理图分为四个部分，即主电路、电动机控制电路、电磁吸盘控制电路和照明电路。

　　主电路中 M1 为液压泵电动机，M2 为砂轮转动电动机，M3 为冷却泵电动机，M4 为砂轮升降电动机。四台电动机共用熔断器 FU1 作短路保护，M1、M2 和 M3 分别由热继电器 FR1、FR2、FR3 作长期过载保护。

　　控制电路中接触器 KM2 控制电动机 M2，再经插销 XS 供电给 M3，接触器 KM3、KM4 控制电动机 M4 的正反转。液压泵电动机的启停按钮分别为 SB2 和 SB1，砂轮电动机的启停按钮分别为 SB4 和 SB3，砂轮升降电动机的升降控制按钮分别为 SB5 和 SB6，电磁吸盘的充磁、去磁、放松按钮分别为 SB8、SB9 和 SB7。

　　照明电路通过变压器 TC 及开关 SA 来控制照明电灯的亮灭，熔断器 FU3 为照明电路的短路保护。

　　电磁吸盘控制电路经变压器 TR 将交流 220 V 电压降为 127 V，经桥式整流装置变为 110 V 的直流电压，再经 KM6（充磁）或 KM5（退磁）供给电磁吸盘的线圈 YH。变压器 TR 二次侧的并联支路 RC 实现整流装置的过电压保护，电流继电器 KI 作欠电流保护。

　　电磁吸盘与机械夹紧装置相比，具有夹紧迅速、操作快捷、不损伤工件等优点，可同时吸持多个小工件进行磨削加工。在加工过程中，工件发热可自由伸展，不易变形。但它只能对导磁性材料（如钢铁）的工件进行吸持，而对非导磁性材料（如铜铝）的工件则不能吸持。

总开关及保护	液压泵	砂轮传动	砂轮	
			上升	下降

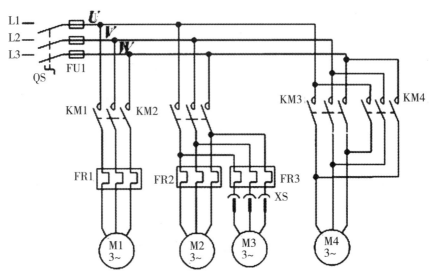

(a)M7120 型平面磨床电气控制原理图主电路部分

液压泵控制	砂轮控制	砂轮升降		电磁吸盘控制		电磁吸盘	
		上升	下降	充磁	去磁	充磁	去磁

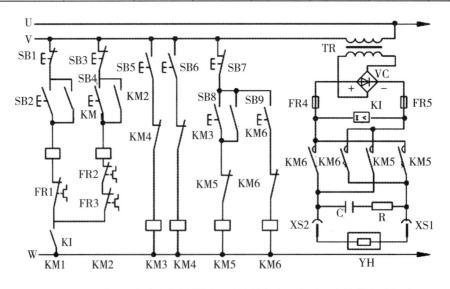

(b)M7120 型平面磨床电气控制原理图控制电路、电磁吸盘控制电路部分

液压泵控制	通电	液压泵	砂轮机	砂轮升降	电磁吸盘	照明

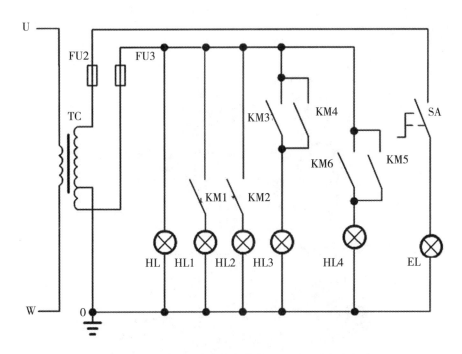

（c）M7120 型平面磨床电气控制原理图照明电路部分

图 11.9　M7120 型平面磨床电气控制原理图

4）M7120 型平面磨床电气控制线路的分析

合上电源开关 QS，电源指示灯 HL 亮，欠电流继电器 KI 线圈得电。电流正常时，KI 常开触点闭合，SB2 和 SB1 控制 KM1 线圈得失电，从而实现液压泵电动机的启停；SB4 和 SB3 控制 KM2 线圈得失电，从而实现砂轮电动机的启停；在砂轮电动机起动后，若插上 XS，则冷却泵电动机工作；SB5 和 SB6 分别控制 KM3 和 KM4 线圈得失电，从而实现砂轮升降电动机的升降，并具有电气互锁功能。SB8 和 SB9 分别控制 KM5 和 KM6 线圈得失电，从而控制对电磁吸盘线圈提供正反向电流，实现充磁和去磁。

4. Z35 型摇臂钻床

摇臂钻床是一种立式钻床，它适用于单件或批量生产中带有多孔大型零件的孔加工，是一般机械加工车间常用的机床。

1）摇臂钻床的主要结构及运动形式

（1）主要结构。

摇臂钻床适用于中小零件的加工，它主要由底座、内外立柱、摇臂、主轴箱和工作台等组成，其结构示意图如图 11.10 所示。内立柱固定在底座的一端，在它外面套着外立柱，外立柱可绕内立柱回转 360°。摇臂的一端为套筒，它套在外立柱上，并借助丝杠的正反转沿外立柱做上下移动。由于该丝杠与外立柱连为一体，而升降螺母固定在摇臂上，所以摇臂只能与外立柱一起绕内立柱回转。主轴箱安装在摇臂的水平导轨上，可通过手轮操作使其在水平导轨上沿摇臂移动，它由主传动电动机、主轴和主轴传动机构、进给和变速机构以及机床的操作机构等部分组成。加工时，根据工件高度的不同，摇臂借助于丝杠可带着主轴箱沿外立柱升降。在升降之前，应将摇臂松开，再进行升降，当达到所需位置时，摇臂自动夹紧在立柱上。

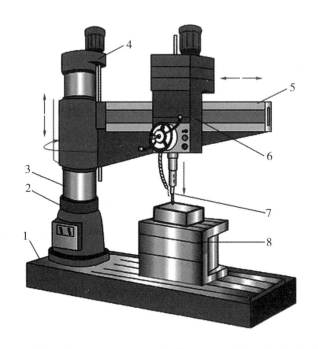

1—底座；3—内立柱；2、4—外立柱；5—摇臂；6—主轴箱；7—主轴；8—工作台

图 11.10　Z3040 型摇臂钻床结构示意图

（2）运动形式。

①主轴带动刀具的旋转与进给运动。主轴的转动与进给运动由一台三相交流异步电动机驱动，主轴的转动方向由机械及液压装置控制。

②各运动部分的移位运动。主轴在三维空间的移位运动有主轴箱沿摇臂方向的水平移动（平动），摇臂沿外立柱的升降运动（由一台笼型三相异步电动机拖动），外立柱带摇臂沿内立柱的回转运动（手动）三种。各部件的移位运动用于实现主轴的对刀移位。

③移位运动部件的夹紧与放松。摇臂钻床的三种对刀移位装置对应三套夹紧与放松装置。对刀移动时，需要将装置放松，机械加工过程中，需要将装置夹紧。三套夹紧装置分别为摇臂夹紧（摇臂与外立柱之间）、主轴箱夹紧（主轴箱与摇臂导轨之间）、立柱夹紧（外立柱与内立柱之间）。通常主轴箱和立柱的夹紧与放松同时进行。摇臂的夹紧与放松则要与摇臂升降运动结合进行。

2）摇臂钻床的电力拖动特点及控制要求

摇臂钻床运动部件较多，为简化传动装置，常采用多台电动机拖动。为了适应多种形式的加工，要求主轴及进给有较大的调速范围。主轴在一般速度时的钻削加工常为恒功率负载；而低速时主要用于扩孔、铰孔、攻螺纹等的加工，这时则为恒转矩负载。

摇臂钻床的主运动与进给运动皆为主轴的运动，这两种运动由一台主轴电动机拖动，经主轴传动机构和进给传动机构实现主轴旋转和进给，所以主轴变速结构与进给变速机构都装在主轴箱内。该机床的正转最低速度为 25 r/min，最高速度为 2000 r/min，分 6 级变速；进给运动的最低进给量是 0.04 mm/r，最高进给量是 3.2 mm/r，也分为 6 级变速。加工螺纹时，主轴要求正、反转工作，摇臂钻床主轴正反转一般采用机械方法来实现，所以主轴电动机只需单方向旋转。

摇臂的升降由升降电动机拖动，要求电动机能实现正、反转。

内 - 外立柱的夹紧与放松、主轴箱与摇臂的夹紧与放松可采用手柄机械操作、电气 - 机械装置、电气 - 液压装置或电气 - 液压 - 机械装置等控制方法来实现。若采用液压装置，则必须有液压泵电动机拖动液压泵供给压力油来实现。

摇臂的移动严格按照摇臂松开→移动→摇臂夹紧的程序进行。因此，摇臂的夹紧、放松与摇臂升降按自动控制进行。

另外，根据钻削加工需要，应有冷却泵电动机拖动冷却泵供给冷却液进行刀具的冷却，冷却泵电动机只需单方向旋转。除此之外，还要有机床安全照明、信号指示灯和必要的联锁及保护环节。

3) Z35 型摇臂钻床电气控制原理图组成及作用

Z35 型摇臂钻床的电气控制原理图可分成三个部分，即主电路、控制电路和照明电路，如图 11.11 所示。主电路中共有 4 台电动机，M1 为冷却泵电动机，给加工工件提供冷却液，由转换开关 QS2 直接控制；M2 为主轴电动机，FR 作过载保护；M3 为摇臂升降电动机，可进行正反转；M4 为立柱放松与夹紧电动机，也可进行正反转。电动机 M3 和 M4 都是短时运行的，所以不加过载保护。M3、M4 共用熔断器 FU2 作短路保护。因为外立柱和摇臂要绕内立柱回转，所以除了冷却泵电动机以外，其他的电源都通过汇流排 A 引入。

电动机控制电路的电源由变压器 TC 将 380 V 的交流电源降为 127 V 后供给；SA 为十字开关，由十字手柄和四个微动开关组成；十字手柄共有五个位置，即上、下、左、右和中，外形如图 11.12 所示，各个位置的工作情况如图 11.13 所示。KA 为失电压继电器，当电源合上时，必须将十字开关向左扳合一次，失电压继电器 KA 线圈通电并自锁。若机床工作时，十字手柄不在左边位置，机床断电后，KA 释放；恢复电源后机床不能自行起动。接触器 KM1 控制主轴电动机 M2 的启停，接触器 KM2、KM3 控制摇臂升降电动机的正反转，同拨叉位置相关联的转动组合开关 SQ3、SQ4 和限位开关 SQ1、SQ2 共同控制摇臂的升降。接触器 KM4、KM5 控制立柱松开与夹紧电动机 M4。

照明电路的电源也是由变压器 TC 将 380 V 交流电压降为 36 V 安全照明电源，照明灯端接地，直接由开关 SA1 控制。

| 总开关及电源保护 | 冷却泵 | 主轴 | 摇臂升降 | | 立柱夹紧 | | 控制电源 | 保护失电压 | 主轴 | 摇臂升降 | | | 立柱夹紧 | | 照明 |
| | | | 上升 | 下降 | 松开 | 加紧 | | | | 上升 | 制动 | 下降 | 松开 | 加紧 | |

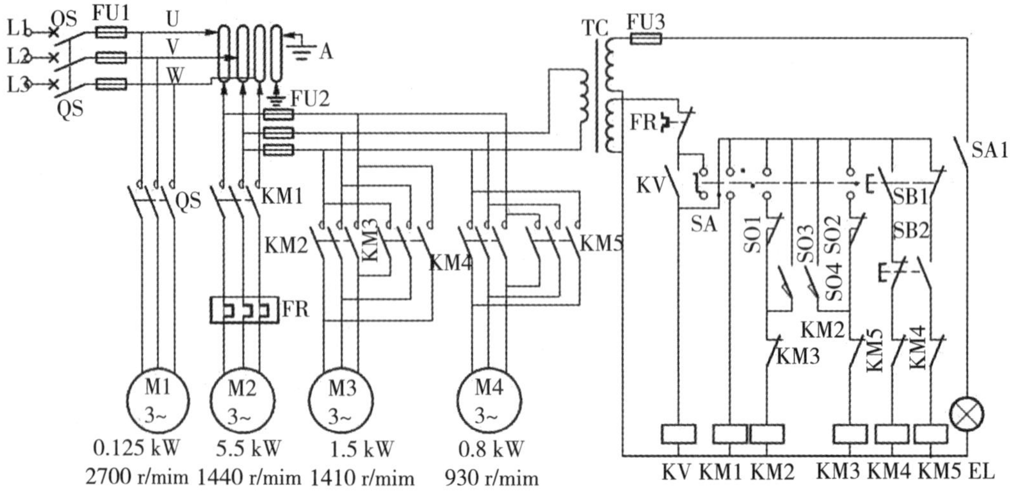

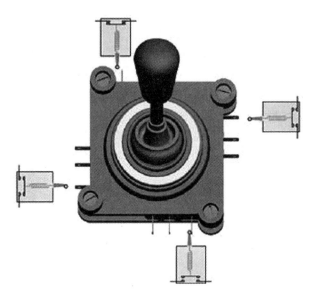

图 11.11   Z35 型摇臂钻床的电气控制原理图

图 11.12   十字开关外形图

手柄位置	实物位置	工作状态
中		停止
左		失压保护
右		主轴运转
上		摇臂上升
下		摇臂下降

图 11.13　十字开关各个位置的工作情况

4）电气控制原理图分析

合上电源开关 QS，将十字开关向左扳合，失电压继电器 KA 线圈通电并自锁。起动主轴电动机，将十字开关向右扳合，接触器 KM1 线圈通电，主触点 KM1 闭合，主轴电动机 M2 直接起动运转。主轴的正反转由主轴箱上的摩擦离合器手柄操作。摇臂钻床的钻头旋转和上下移动都由主轴电动机拖动。将十字开关扳回中间位置，主轴电动机 M2 停止。

若加工过程中，钻头与工件之间的相对高度不适合时，可通过摇臂的升降来进行调整。欲使摇臂上升，应将十字开关向上扳合，接触器 KM2 线圈通电，主触点 KM2 接通，电动机 M3 正转，带动升降丝杆正转。升降丝杆开始正转时，通过拔叉使传动松紧装置的轴逆时针方向旋转，松紧装置将摇臂松开，此时摇臂上升，同时触点 SQ4 闭合，为夹紧做准备。此时 KM2 的动断触点是断开的，接触器 KM3 的线圈不能得电吸合。

当摇臂上升到所需要的位置时，将十字开关扳回到中间位置，接触器 KM2 线圈断电，主触点 KM2 断开，电动机 M3 停止正转；KM2 动断触点闭合，又因触点 SQ4 已闭合，接触器 KM3 线圈通电吸合。主触点 K3 闭合，电动机 M3 反转带动升降丝杆反转，使松紧装置将摇臂夹紧，摇臂夹紧时触点 SQ4 断开，接触器 KM3 线圈断电释放，主触点 KM3 断开，电动机 M3 停止。

如果要使摇臂下降，应将十字开关向下扳合，接触器 KM3 线圈通电吸合，主触点 KM3 闭合，电动机 KM3 反转，带动升降丝杆反转，使得松紧装置先将摇臂松开后，带动摇臂下降，触点 SQ3 闭合，为夹紧做准备。此时 KM3 的动断触点是断开的，接触 KM2 的线圈不能得电吸合。当摇臂下降到所需要的位置时，将十字开关回到中间位置，接触器线圈 KM3 断电释放，主触点 KM3 断开，电动机 M3 停止反转；KM3 辅助动断触点闭合，且触点 SQ3 已闭合，接触器 KM2 线圈电吸合，主触点 KM2 闭合，电动机 M3 正转带动升降丝杆正转，升降螺母又随丝杆空转，摇臂停止下降，松紧装置将摇臂夹紧，触点 SQ3 断开，接触器 KM2 线圈断电释放，主触点 KM2 断开，电动机 M3 停止。

限位开关 SQ1、SQ2 是用来限制摇臂升降的极限位置的，当摇臂上升（此时，接触器 KM2 线圈通电吸合，电动机 M3 正转）到极限位置时，挡块碰到 SQ1，使触点 SQ1 断开，接触器 KM2 线圈断电释放，电动机 M3 停转，摇臂停止上升。当摇臂下降（此时，接触器 KM3 线圈通电吸合，电动机 M3 反转）到极限位置时，挡块碰到 SQ2，使触点 SQ2 断开，接触器 KM3 线圈断电释放，电动机 M3 停转，摇臂停止下降。

Z35 型摇臂钻床的摇臂升降运动不允许与主轴旋转运动同时进行，称之为不同运动间的联锁。完成这一任务是由十字开关操作手柄的几个位置实现的，每一个位置带动相应的微动开关动作，接通一个运动方向的电路。

当摇臂需要旋转时，必须连同外立柱一起绕内立柱运转。这个过程必须经过立柱的松开和夹紧，而立柱的松开和夹紧是靠电动机 M4 的正反转带动液压装置来完成的。当需要松开立柱时，可按下按钮 SB1，接触器 KM4 线圈通电吸合，主触点 KM4 接通，电动机 M4 正转，通过齿式离合器带动齿轮式油泵旋转，从一定方向送出高压油，经一定的油路系统和传动机构将外立柱松开。松开后可放开按钮 SB1，KM4 线圈断电，主触点复位，电动机 M4 停转。此时，可用人力推动摇臂连同外立柱一起绕内立柱转动，当转到所需位置时，可按下按钮 SB2，接触器 KM5 线圈通电吸合，主触点 KM5 接通，电动机 M4 反转，通过齿式离合器带动齿轮式油泵反向旋转，从另一方向送出高压油，在液压推动下将立柱夹紧。夹紧后可放开按钮 SB2，KM5 线圈断电释放，主触点复位，电动机 M4 停转。

Z35 型摇臂钻床的主轴箱在摇臂上的松开与夹紧和立柱的松开与夹紧由同一台电动机（M4）和同一液压传动机构同时进行控制。

四、实验内容及要求

（1）提前预习，在上课时能够更好地理解。

（2）注意理解各种不同机床从事的工作种类。

五、思考题

阐述 4 种机床电路的工作原理。

六、实验报告要求

回答思考题。

任务 2　X62W 万能铣床的认识

一、实验目的

（1）铣床是用铣刀对工件进行铣床前加工的机床。（2）铣床除了能铣前平面、沟槽、齿轮、螺纹和花键轴外，还能加工比较复杂的平面；效率较刨床高，在机械制造和修理部门得到广泛应用。（3）掌握 X62W 万能铣床的基本结构。

二、实验仪器

实验仪器如表 11 - 2 所示。

表 11-2　实验仪器

使用设备名称	数量
X62W 万能铣床	1

三、知识学习及操作步骤

1. X62W 万能铣床的基本知识及工作原理

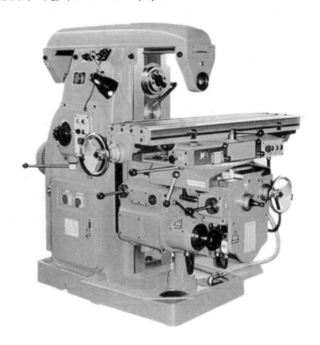

图 11.1　X62W 万能铣床

图 11.1 所示为 X62W 万能铣床。机械部分是由机架、工作台、卧铣主轴、可拆装立铣头、工作台传动变速箱、主轴传动变速箱组成。电路由控制线路、主轴电机(约 7.5 kW)、工作台电机(2.4 kW)、冷却水泵电机(0.12 kW)、离合线圈、24 V 照明线路组成。原理：由三相 380 V 电源供电，电动机带动变速箱传动到主轴及工作台。用装在主轴上的刀具对装在工作台的工件进行切削。冷却水泵泵出冷却液对切削部分进行冷却。变速箱可选择合理的转速和线速。其基本工作原理是利用连续移动的细金属丝(称为线切割的电极丝)作电极，对工件进行脉冲火花放电，蚀除金属、切割成型。线切割主要用于加工各种形状复杂和精密细小的工件，例如，可以加工冲裁模的凸模、凹模、凸凹模、固定板、卸料板等，成形刀具、样板、线切割，还可以加工各种微细孔槽、窄缝、任意曲线等。线切割有许多无可比拟的优点，如线切割具有加工余量小、加工精度高、生产周期短、制造成本低等突出优点。线切割已在生产中获得广泛的应用。

电机拖动

2. X62W 万能铣床原理图

图 11.2 所示为 X62W 万能铣床原理图。

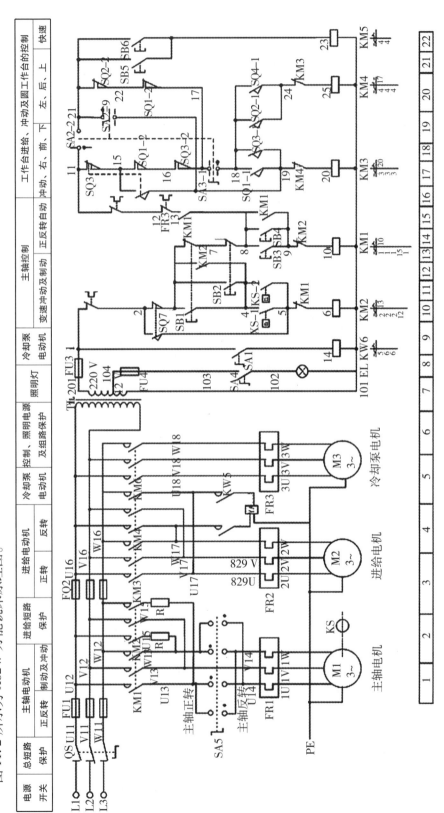

图 11.2 X62W 万能铣床原理图

3. X62W 万能铣床机床分析

1) 机床的主要结构及运动形式

(1) 主要结构由床身、主轴、刀杆、横梁、工作台、回转盘、横溜板和升降台等几部分组成, 如图 11.3 所示。

(2) 运动形式。

① 主轴转动是由主轴电动机通过弹性联轴器来驱动传动机构来实现的, 当机构中的一个双联滑动齿轮块啮合时, 主轴即可旋转。

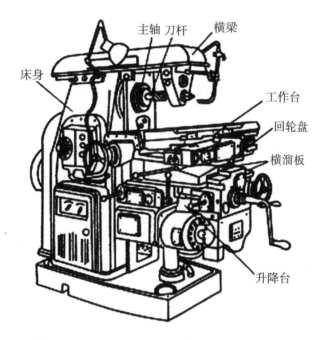

图 11.3 X62W 万能铣床外形图

② 工作台面的移动是由进给电动机驱动的, 它通过机械机构使工作台进行三种形式六个方向的移动, 即工作台面能直接在溜板上部可转动部分的导轨上作纵向(左、右)移动; 工作台面借助横溜板作横向(前、后)移动; 工作台面还能借助升降台作垂直(上、下)移动。

2) 机床对电气线路的主要要求

(1) 机床要求有三台电动机, 分别称为主轴电动机、进给电动机和冷却泵电动机。

(2) 由于加工时有顺铣和逆铣两种, 所以要求主轴电动机能正反转及在变速时能瞬时冲动, 以利于齿轮的啮合, 并要求可以制动停车和实现两地控制。

(3) 工作台的三种运动形式、六个方向的移动是依靠机械方法来实现的, 对于进给电动机要求能正反转, 且要求纵向、横向、垂直三种运动形式相互间应有联锁, 以确保操作安全。同时要求工作台进给变速时, 电动机能实现瞬间冲动、快速进给及两地控制等。

(4) 冷却泵电动机只要求正转。

（5）进给电动机与主轴电动机需实现两台电动的联锁控制，即主轴工作后才能进行进给。

3）电气控制线路分析

机床电气控制线路见 11.4 图。电气原理图是由主电路、控制电路和照明电路三部分组成。

（1）主电路有三台电动机。M1 是主轴电动机；M2 是进给电动机；M3 是冷却泵电动机。

①主轴电动机 M1 通过换相开关 SA5 与接触器 KM1 配合，能进行正反转控制，而与接触器 KM2、制动电阻器 R 及速度继电器的配合，能实现串电阻瞬时冲动和正反转反接制动控制，并能通过机械进行变速。

②进给电动机 M2 能进行正反转控制，通过接触器 KM3、KM4 与行程开关及 KM5、牵引电磁铁 YA 配合，能实现进给变速时的瞬时冲动、六个方向的常速进给和快速进给控制。

③冷却泵电动机 M3 只能正转。

④熔断器 FU1 作机床总短路保护，也兼作 M1 的短路保护；FU2 作为 M2、M3 及控制变压器 TC、照明灯 EL 的短路保护；热继电器 FR1、FR2、FR3 分别作为 M1、M2、M3 的过载保护。

（2）控制电路。

主轴电动机的控制（电路见图 11.4）：

①SB1、SB3 与 SB2、SB4 是分别装在机床两边的停止（制动）和起动按钮，实现两地控制，方便操作。

②KM1 是主轴电动机起动接触器，KM2 是反接制动和主轴变速冲动接触器。

③SQ7 是与主轴变速手柄联动的瞬时动作行程开关。

④主轴电动机需起动时，要先将 SA5 扳到主轴电动机所需要的旋转方向，然后再按起动按钮 SB3 或 SB4 来起动电动机 M1。

⑤M1 起动后，速度继电器 KS 的一副常开触点闭合，为主轴电动机的停转制动作好准备。

⑥停车时，按停止按钮 SB1 或 SB2 切断 KM1 电路，接通 KM2 电路，改变 M1 的电源相序，进行串电阻反接制动。当 M1 的转速低于 120 r/min，速度继电器 KS 的一副常开触点恢复断开，切断 KM2 电路，M1 停转，制动结束。

电源开关	总短路保护	主轴电动机		主轴控制	
		正反转	制动及冲动	变速冲动及制动	正反转起动

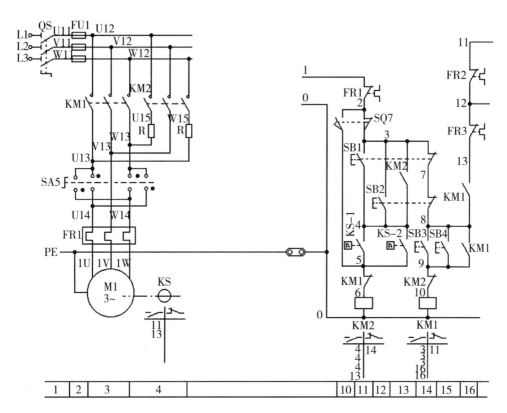

图 11.4　主轴电动机控制电气原理图

四、实验内容及要求

1. 准备工作

(1)查看各电器元件上的接线是否紧固，各熔断器是否安装良好。

(2)独立安装好接地线，设备下方垫好绝缘垫，将各开关置分断位置。

(3)插上三相电源。

2. 操作试运行

1)实验内容

(1)用通电试验方法找到故障，然后进行故障分析，并在电气原理图中用虚线标出最小故障范围。

(2)按图 11.2 排除 X62W 万能铣床主电路或控制电路中，人为设置的两个电气自然故障点。

2)电气故障的设置原则

(1)人为设置的故障点，必须是模拟机床在使用过程中，由于受到振动、受潮、高温、异物侵入、电动机负载及线路长期过载运行、起动频繁、安装质量低劣和调整不当等原因造成的"自然"故障。

(2)切忌设置改动线路、换线、更换电器元件等由于人为原因造成的"非自然"故障点。

(3)故障点的设置，应做到隐蔽且设置方便，除简单控制线路外，两处故障一般不宜设置在单独支路或单一回路中。

(4)对于设置一个以上故障点的线路，其故障现象应尽可能不要相互掩盖。学生在检修时，若检查思路尚清楚，但检修到定额时间的 2/3 还不能查出一个故障点时，可作适当的提示。

(5)应尽量不设置容易造成人身或设备事故的故障点，如有必要时，教师必须在现场密切注意学生的检修动态，随时作好采取应急措施的准备。

(6)设置的故障点，必须与学生应该具有的修复能力相适应。

3)实验步骤

(1)先熟悉原理，再进行正确的通电试车操作。

(2)熟悉电器元件的安装位置，明确各电器元件的作用。

(3)教师示范故障分析检修过程(故障可人为设置)。

(4)教师设置让学生知道的故障点，指导学生如何从故障现象着手进行分析，逐步引导学生采用正确的检查步骤和检修方法。

(5)教师设置人为的自然故障点，由学生检修。

3. 实验要求

(1)学生应根据故障现象，先在原理图中正确标出最小故障范围，然后采用正确的检查和排故方法，并在定额时间内排除故障。

(2)在排除故障时，必须修复故障点，不得采用更换电器元件、借用触点及改动线路的方法，否则，按不能排除故障点扣分。

(3)在检修时，严禁扩大故障范围或产生新的故障，不得损坏电器元件。

五、思考题

表 11-3 所示为故障设置一览表。

表 11-3 故障设置一览表

故障开关	故障现象	备注
K1	主轴无变速冲动	主电动机的正、反转及停止制动均正常
K2	正反转进给均不能动作	照明指示灯、冷却泵电动机均能工作
K3	按 SB1 停止时无制动	SB2 制动正常
K4	主轴电动机无制动	按 SB1、SB2 停止时主轴均无制动
K5	主轴电动机不能起动	主轴不能起动，按下 SQ7 主轴可以冲动
K6	主轴不能起动	主轴不能起动，按下 SQ7 主轴可以冲动

续表 11－3

故障开关	故障现象	备注
K7	进给电动机不能起动	主轴能起动，进给电动机不能起动
K8	进给电动机不能起动	主轴能起动，进给电动机不能起动
K9	进给电动机不能起动	主轴能起动，进给电动机不能起动
K10	冷却泵电动机不能起动	
K11	进给变速无冲动，圆形工作台不能工作	非圆工作台工作正常
K12	工作台不能左右进给	向上（或向后）、向下（或向前）进给正常，进给变速无冲动
K13	工作台不能左右进给不能冲动、非圆不能工作	向上（或向后）、向下（或向前）进给正常
K14	各方向进给不工作	圆工作台工作正常，冲动正常工作
K15	工作台不能向左进给	非圆工作台工作时，不能向左进给，其他方向进给正常
K16	进给电动机不能正转	圆工作台不能工作；非圆工作台工作时，不能向左、向上或向后进给，无冲动
K17	工作台不能向上或向后进给	非圆工作台工作时，不能向上或向后进给，其他方向进给正常
K18	圆形工作台不能工作	非圆工作台工作正常，能进给冲动
K19	圆形工作台不能工作	非圆工作台工作正常，能进给冲动
K20	工作台不能向右进给	非圆工作台工作时，不能向右进给，其他工作正常
K21	不能上下（或前后）进给，不能快进，无冲动	圆工作台不能工作，非圆工作台工作时，能左右进给，不能快进，不能上下（或前后）进给
K22	不能上下（或前后）进给不能冲动，圆工作台不工作	非圆工作台工作时，能左右进给，左右进给时能快进；不能上下（或前后）进给
K23	不能向下（或前）进给	非圆工作台工作时，不能向下或向前进给，其他工作正常
K24	进给电动机不能反转	圆工作台工作正常；有冲动，非圆工作台工作时，不能向右、向下或向前进给
K25	只能一地快进操作	进给电动机起动后，按 SB5 不能快进，按 SB6 能快进

续表 11－3

故障开关	故障现象	备注
K26	只能一地快进操作	进给电动机起动后，按 SB5 能快进，按 SB6 不能快进
K27	不能快进	进给电动机起动后，不能快进
K28	电磁阀不动作	进给电动机起动后，按下按钮 SB5（或 SB6），KM5 吸合，电磁阀 YA 不动作
K29	进给电动机不转	进给操作时，KM3 或 KM4 能动作，但进给电动机不转

六、实验报告要求

（1）设备应在指导教师指导下操作，安全第一。在设备通电后，严禁在电器侧随意扳动电器件。在进行排故训练时，尽量采用不带电检修。若要带电检修，则必须有指导教师在现场监护。

（2）在实验前必须安装好各电动机支架接地线，设备下方垫好绝缘橡胶垫，厚度不小于 8mm。操作前要仔细查看各接线端有无松动或脱落，以免通电后发生意外或损坏电器。

（3）在操作中若电动机发出不正常声响，应立即断电，查明故障原因并修理。故障噪声主要来自电机缺相运行，接触器、继电器吸合不正常等。

（4）一旦发现熔芯熔断，要等找出故障后，方可更换同规格熔芯。

（5）在维修设置故障中不要随便互换线端处号码管。

（6）操作时用力不要过大，速度不宜过快；操作频率不宜过于频繁。

（7）在实验结束后，应拔出电源插头，将各开关置分断位。

（8）在实验过程中，要做好。

任务 3　T68 镗床的认识

一、实验目的

了解 T68 镗床的基本知识。

二、实验仪器

实验仪器如表 11－4 所示。

表 11－4　实验仪器

使用设备名称	数量
T68 镗床	1

三、知识学习及操作步骤

1. T68 镗床的基本知识及工作原理

镗床是一种精密加工机床，主要用于加工精确的孔和孔间距离要求较为精确的零件。镗床在加工时，一般是将工件固定在工作台上，由镗杆或平旋盘（花盘）上固定的刀具进行加工。图 11.5 所示为 768 镗床实物图。

镗床是使用比较普遍的冷加工设备，它分为卧式、坐标式两种，以卧式镗床使用较多。主要用于钻孔、镗孔、铰孔和端面加工等。主运动为镗杆和花盘的旋转运动，进给运动为工作台的前、后、左、右及主轴箱的上、下和镗杆的进、出运动。四面八方的进给运动除可以自动进行外，还可以手动进给及快速移动。

图 11.5　T68 镗床实物图

电机拖动

2. T68 万能铣床原理图

图 11.6 所示为 768 镗床原理图。

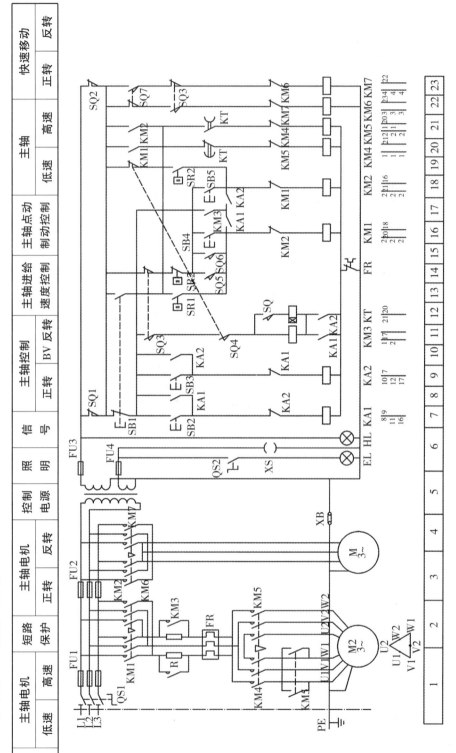

图 11.6 T68 镗床原理图

· 200 ·

3. T68 万能铣床机床分析

1）卧式镗床加工时的运动

（1）主运动：主轴的旋转与平旋盘的旋转运动。

（2）进给运动：主轴在主轴箱中的进出进给；平旋盘上刀具的径向进给；主轴箱的升降，即垂直进给；工作台的横向和纵向进给。这些进给运动都可以进行手动或机动操作。

（3）辅助运动：回转工作台的转动；主轴箱、工作台等的进给运动上的快速调位移动；后立柱的纵向调位移动；尾座的垂直调位移动。

图 11.7 所示为 768 镗床示意图。

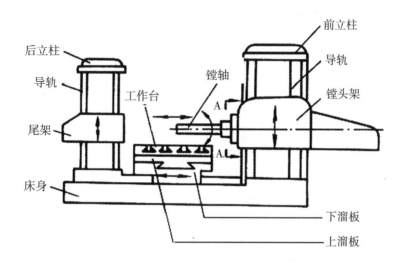

图 11.7　T68 镗床示意图

2）机床对电气线路的主要要求

（1）为适应各种工件加工工艺的要求，主轴应在大范围内调速。由于镗床主拖动要求恒功率拖动，所以采用"△－YY"双速电动机。

（2）为防止顶齿现象，要求主轴系统变速时作低速断续冲动。

（3）为适应加工过程中调整的需要，要求主轴可以正、反点动调整，这是通过主轴电动机低速点动来实现的。同时还要求主轴可以正、反向旋转，这是通过主轴电动机的正、反转来实现的。

（4）主轴电动机低速时可以直接起动，在高速时控制电路要保证先接通低速，经延时再接通高速，以减小起动电流。

（5）主轴要求快速而准确的制动，所以必须采用效果好的停车制动。卧式镗床常用反接制动（也有的采用电磁铁制动）。

（6）由于进给部件较多，快速进给使用另一台电动机拖动。

3）电气控制线路分析

（1）主电路分析。

图 11.8 所示为 768 镗床原理图主电路。主电动机 M1 采用双速电动机，由接触器

KM3、KM4 和 KM5 作"△ – YY"变换，得到主电动机 M1 的低速和高速。接触器 KM1、KM2 主触点控制主电动机 M1 的正反转。电磁铁 YB 用于主电动机 M1 的断电抱闸制动。快速移动电动机 M2 的正反转由接触器 KM6、KM7 控制，由于 M2 是短时间工作，所以不设置过载保护。

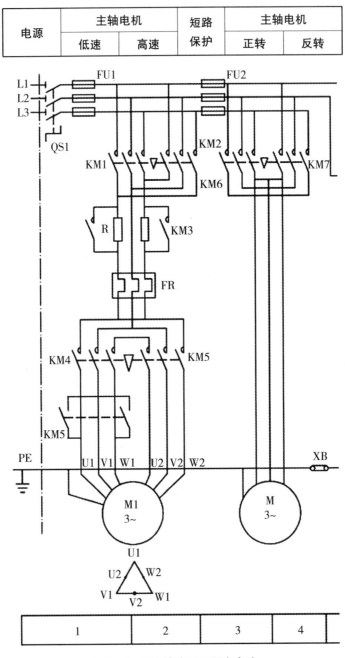

图 11.8　T68 镗床原理图主电路

（2）控制电路分析。

①主电动机 M1 的控制。

主轴电动机 M1 的控制有正反转、点动控制、高低速选择、停车制动及冲动控制。

a. 正反转。

主轴电动机正反转由接触器 KM1、KM2 主触点完成电源相序的改变，从而改变电动机的转向。按下正转起动按钮 SB2，接触器 KM1 线圈得电，其自锁触点 KM1 闭合，实现自锁。互锁触点 KM1 断开，实现对接触器 KM2 的互锁。另处，常开触点 KM1 闭合，为主电动机高速或低速运转做好准备。主电路中的 KM1 主触点闭合，电源通过 KM3、KM4 或 KM5 接通定子绕组，主电动机 M1 正转。

反转时，按下反转起动按钮 SB5，对应接触器 KM2 线圈得电，主轴电动机 M1 反转。为了防止接触器 KM 和 KM2 同时得电，引起电源短路事故，采用这两个接触器互锁形式。

b. 点动控制。

对刀时采用点动控制，这种控制不能自锁。按下正转点动按钮 SB3，常开触点 SB3 接通，接触器 KM1 线圈电路；常闭触点 SB3 断开接触器 KM1 的自锁电路，使其无法自锁，从面实现点动控制。

反转点动按钮 SB4 同样设有常开触点各一对，利用这种复合按钮是考虑到可以方便地实现点动控制。

c. 高低速选择。

主轴电动机 M1 为双速电动机，定子绕组按 △ 连接（KM3 得电吸合）时，电动机低速旋转；YY 连接（KM4 和 KM5 得电吸合）时，电动机高速旋转。高低速的选择与转换由变速手柄和行程开关 SQ1 控制。

选择好主轴转速，变速手柄置于低速位置，再将变速手柄压下，行程开关 SQ1 未被压合，SQ1 的触点不动作。由于主电机 M1 已经选择了正转或反转，即 KM1 或 KM2 闭合，此时接触器 KM3 线圈得电，其互锁触点 KM3 断开，实现对接触器 KM4、KM5 的互锁。主电路中的 KM3 主触点闭合，一方面接通电磁抱闸线圈 YB，松开机械制动装置，另一方面将主轴电动机 M1 定子绕组接成 △，接入电源，电动机低速运转。

主轴电动机高速运转时，为了减小起动电流和机械冲击，在起动时，先将定子绕组接成低速连线（△连接），即先低速全压起动，经适当延时后换接成高速运转。其工作情况是，先将变速手柄置于高速位置，再将手柄压下，行程开关 SQ1 被压合，其常闭触点断开，常开触点闭合，时间继点器 KT 线圈得电，延时触点暂不动作，但 KT 的瞬时触点 KT 立即闭合，接触器 KM3 线圈，电动机 M1 定子接成△，低速起动。经过一段延时（起动完毕），延时触点 KT 断开，接触器 KM3 线圈断电，电动机 M1 解除△连接；延时触点 KT 闭合，接触器 KM4、KM5 线圈得电，主电路中的 KM4、KM5 主触点闭合，一方面接通电磁抱闸线圈 YB，松开机械制动装置，另一方面将主电动机 M1 定子绕组接成 YY 形，接入电源，电动机高速运转。

d. 主电动机停车制动。

高低速运转时，按下停止按钮 SB1，KM1～KM5 线圈均断电，解除自锁，电磁抱闸线圈 YB 断电抱闸，电动机轴无法自由旋转，主电机 M1 制动，迅速停车。

e. 变速冲动控制。

考虑到本机床在运转的过程中进行变速时，能够使齿轮更好地啮合，现采用变速冲动控制。本机床的主轴变速和进给变速分别由各自的变速孔盘机构进行调速。其工作情况是，如果运动中要变速，不必按下停车按钮，而是将变速手柄拉出，这时行程开关 SQ 被压合，SQ2 触点断开，接触器 KM3、KM4、KM5 线圈全部断电，无论电动机 M1 原来工作在低速（接触器 KM3 主触点闭合，△连接），还是工作在高速（接触器 KM4、KM5 主触点闭合，YY 连接），都断电停车，同时因 KM3 和 KM5 线圈断电，电磁抱闸线圈 YB 断电，电磁抱闸对电动机 M1 进行机械制动。这时可以转动变速操作盘（孔盘），选择所需转速，然后将变速手柄推回原位。

若手柄可以推回原处（即复位），则行程开关 SQ2 复位，SQ2 触点闭合，此时无论是否压下行程开关 SQ1，主电动机 M1 都是以低速起动，便于齿轮啮合。然后过渡到新选定的转速下运行。若因顶齿而使手柄无法推回时，可来回推动手柄，通过手柄运动压合、释放行程开关 SQ2，使电动机 M1 瞬间得电、断电，产生冲动，使齿轮在冲动过程中很快啮合，手柄推上。这时变速冲动结束，主轴电动机 M1 在新选定的转速下转动。

②快速移动电动机 M2 的控制。

加工过程中，主轴箱、工作台或主轴的快速移动，是将快速手柄扳动，接通机械传动链，同时压动限位开关 SQ5 或 SQ6，使接触器 KM4、KM7 线圈得电，快速移动电动机 M2 正转或反转，拖动有关部件快速移动。

将快速移动手柄扳到"正向"位置，压动 SQ6，其常开触头 SQ6（11～47）闭合，KM6 线圈经过得电动作，M2 正向转动。

将手柄扳到中间位置，SQ6 复位，KM6 线圈失电释放，M2 停转。

将快速移动手柄扳到"反向"位置，压动 SQ5，其常开触头 SQ5（51～53）闭合，KM7 线圈经过得电动作，M2 反向转动。

将手柄扳至中间位置，SQ5 复位，KM7 线圈失电释放，M2 停转。

③主轴箱、工作台与主轴机动进给互锁功能。

为防止工作台、主轴箱和主轴同时机动进给，损坏机床或刀具，在电气线路上采取了相互联锁措施。联锁通过两个关联的限位开关 SQ3 和 SQ4 来实现。

主轴进给时手柄压下开关 SQ3，SQ3 常闭触点断开；工作台进给时手柄压下开关 SQ4，SQ4 常闭触点断开。两限位开关的常闭触点都断开，切断了整个控制电路的电源，从而 M1 和 M2 都不能运转。

控制电源	照明	信号	主轴控制		主轴进给速度控制	主轴点动制动控制	主轴		快速移动	
			正转	反转			低速	高速	正转	反转

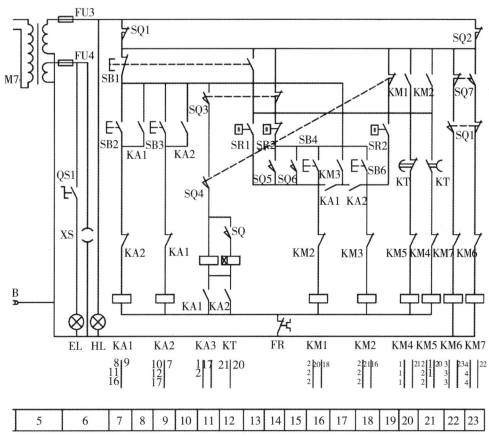

8 9	10 7	11 7 21 20		2 20 18	2 21 16	1 21 21 20 3 23 4	22
11	12	2		2	2	1 3 3	
16	17			2	2	1 3 4	

图 11.9　T68 镗床原理图控制路

5	6	7	8	9	10	11	12	13	14	15	16	17	18	19	20	21	22	23

四、实验内容及要求

1. 准备工作

（1）查看各电器元件上的接线是否紧固，各熔断器是否安装良好。

（2）独立安装好接地线，设备下方垫好绝缘垫，将各开关置于分断位置。

（3）插上三相电源。

2. 操作试运行

1）实验内容

（1）用通电试验方法发现故障现象，进行故障分析，并在电气原理图中用虚线标出最小故障范围。

（2）按图 11.6 排除 X62W 万能铣床主电路或控制电路中人为设置的两个电气自然故障点。

2）电气故障的设置原则

（1）人为设置的故障点，必须是模拟机床在使用过程中，由于受到振动、受潮、高温、异物侵入、电动机负载及线路长期过载运行、起动频繁、安装质量低劣和调整不当等原因造成的"自然"故障。

（2）切忌设置改动线路、换线、更换电器元件等由于人为原因造成的"非自然"的故障点。

（3）故障点的设置，应做到隐蔽且设置方便，除简单控制线路外，两处故障一般不宜设置在单独支路或单一回路中。

（4）对于设置一个以上故障点的线路，其故障现象应尽可能不要相互掩盖。学生在检修时，若检查思路尚清楚，但检修到定额时间的 2/3 还不能查出一个故障点时，可作适当的提示。

（5）应尽量不设置容易造成人身或设备事故的故障点，如有必要时，教师必须在现场密切注意学生的检修动态，随时作好采取应急措施的准备。

（6）设置的故障点，必须与学生应该具有的修复能力相适应。

3）实验步骤

（1）先熟悉实验原理，再进行正确的通电试车操作。

（2）熟悉电器元件的安装位置，明确各电器元件的作用。

（3）教师示范故障分析检修过程（故障可人为设置）。

（4）教师设置让学生知道的故障点，指导学生如何从故障现象着手进行分析，逐步引导到采用正确的检查步骤和检修方法。

（5）教师设置人为的自然故障点，由学生检修。

3. 实验要求

（1）学生应根据故障现象，先在原理图中正确标出最小故障范围，然后采用正确的检查和排故方法在定额时间内排除故障。

（2）排除故障时，必须修复故障点，不得采用更换电器元件、借用触点及改动线路的方法，否则，作不能排除故障点扣分。

（3）检修时，严禁扩大故障范围或产生新的故障，不得损坏电器元件。

五、思考题

表 11－5 所示为故障分析表。

表 11－5　故障分析表

一、控制电路故障分析			
序号	故障现象	故障分析	可能的故障部位
1	控制电路无任何反应	①HL 指示灯亮	FU3 保险丝断路或其出线端至回路（1－2）之间有断路
		②HL 指示灯不亮	检查 TC 变压器电源出线端是否有电

续表 11 - 5

序号	故障现象	故障分析	可能的故障部位
2	主轴电动机不能正向（或反向）起动	①KA1（或 KA2）不能吸合	回路（2 - 3 - 4）之间有断路或 KA1、KA2 线圈 0 线与公共 0 线不通
		②KM3 不能吸合	回路（4 - 9 - 10 - 11 - 0）之间有断路
		③KM1 或 KM2 不能吸合	回路（4 - 17 - 14 - 16 - 0）或回路（4 - 17 - 18 - 19 - 0）之间有断路
		④KM4 不能吸合	回路（3 - 13 - 20 - 21 - 0）之间有断路
3	主轴不能冲动	①主轴其他各种运动正常	回路（13 - 15 - 14）不通
		②同时有其他故障	先排除其他故障
4	主轴不能高速	①KT 不能吸合	回路（11 - 12 - 0）不通
		②仅 KM5 不能吸合	回路（13 - 22 - 23 - 0）之间有断路
5	主轴正向起动后不能反接制动（只能自由停车）	按停止按钮时，KM2 不能吸合	KS^+（13 - 18）触点接触不良或两端连线有断路
6	主轴反向起动后不能反接制动（只能自由停车）	按停止按钮时，KM1 不能吸合	KS^-（13 - 14）触点接触不良或两端连线有断路
7	快进电动机不能正向起动	KM6 不能吸合	回路（2 - 24 - 25 - 26 - 0）之间有断路
8	快进电动机不能反向起动	KM7 线圈不能吸合	回路（2 - 27 - 28 - 29 - 0）之间有断路
9	只有主轴进给	SQ1 已断开，此时按压 SQ2 时将切断控制电路电源	SQ1（1 - 2）触点接触不良或两端连线有断路
10	只有工作台进给	SQ2 已断开，此时按压 SQ1 时将切断控制电路电源	SQ2（1 - 2）触点接触不良或两端连线有断路

续表 11 - 5

序号	故障现象	故障分析	可能的故障部位
		二、主电路故障分析	
11	主轴电机不能正向(或反向)起动运行	① KM1（或 KM2）、KM3、KM4 均能吸合	①测主电路：从 FU1 下桩头 U12、V12、W12 至 KM1（或 KM2）上桩头对应线端，是否有断路；②测 KM1（或 KM2）下桩头至 KM4 上桩头对应线端之间，是否有断路(注意两个限流电阻 R 的阻值)③测量 KM4 下桩头之间的直流电阻，是否对称
		② KM1（或 KM2）、KM3、KM4 不能吸合	查看控制电路，参见故障 1、2
12	主轴电动机不能高速运行	①KM5 能吸合	①测主电路：KM5 主触点(U15、V15、W15 – 1U2、1W2、1V2）对应线端之间，有无接触不良或断线情况；②测主电路：KM5 辅助触点，当触点闭合时，应使(1U1、1V1、1W1）三个线端之间阻值是否为"0"
		②KM5 不能吸合	见控制电路故障 4
13	快进电动机不能正向(或反向)起动运行	①KM6(或 KM7)都能吸合	①测主电路：测量 FU2 下桩头 U16、V16、W16 至 KM6 或 KM7 上桩头各对应线端，有无断路；②测 KM6 或 KM7 下桩头之间的直流电阻，是否对称
		②KM6 和 KM7 都不能吸合	参见控制电路故障 7、8

六、实验报告要求

（1）应在指导教师指导下操作设备，安全第一。设备通电后，严禁在电器侧随意扳动电器元件。在进行排故训练时，尽量采用不带电检修。若带电检修，则必须有指导教师在现场监护。

（2）在实验前，必须安装好各电机支架接地线、设备下方垫好绝缘橡胶垫，厚度不小于 8mm。操作前要仔细查看各接线端有无松动或脱落，以免通电后发生意外或损坏电器。

（3）在操作中若电动机发出不正常声响，应立即断电，查明故障原因并修理。故障噪声主要来自电机缺相运行，接触器、继电器吸合不正常等。

（4）一旦发现熔芯熔断，要等找出故障后，方可更换同规格熔芯。

（5）在维修设置故障中不要随便互换线端处号码管。

（6）操作时用力不要过大，速度不宜过快；操作频率不宜过于频繁。

（7）在实验结束后，应拔出电源插头，将各开关置分断位。

（8）在实验中，要做好实验记录。

参考文献

［1］徐建俊．电机与电气控制项目教程［M］．北京：机械工业出版社，2008.

［2］徐建俊，居海清．电机与电气控制项目教程第二版［M］．北京：机械工业出版社，2015.

［3］徐建俊，史宜巧设备电气控制与维修［M］．2 版．北京：电子工业出版社，2012.

［4］廖晓梅，江永富．机床电气控制与 PLC 应用［M］．北京：中国电力出版社，2013.

［5］刘利宏，电机与电气控制［M］．2 版．北京：机械工业出版社，2011.

［6］吕宗枢，电机学［M］．北京：高等教育出版社，2008.